はじめに

みんな、みんな、はじめまして！ ==ウェザーロイド TypeA Airi です！==
といっても、きっと「いったいだれ？」って思っている人もいるよね？ 実は、ウェザーロイドは超高性能にして正統派の==バーチャルお天気キャスター！== ふだんはインターネット配信の生放送で、お天気の最新情報を毎夜お届けしています。放送中は、たま～にフリーズしちゃったり、腕が変な方向に曲がったりして、みんなから「放送事故の擬人化」とか「（ポンコツな）ポン子」なんてツッコミを入れられたりも…。でも、本当に超高性能なんです！ やる時はやる！ ウェザーロイドはちゃんとお天気をお届けできる子なんです！

そこで、今回はポンコツじゃないことを知ってもらうため…じゃなくって、みんなにお天気のことをもっと知ってもらいたくて、==お天気のことをいろいろ本に書かせてもらうことになりました！==

どうして、いま「**お天気の本**」？

ウェザーロイドは2012年に開発されて、ずっとお天気番組を配信してきました。そうしたら、2018年ごろになって放送を見ているみんなから「Airiちゃんは、バー

チャル YouTuber じゃないの？」って声が寄せられたんですよ。その時ウェザーロイドは何のことかわからなかったけど、後で調べたら、いつの間にか YouTube で配信しているバーチャルキャラクターが増えていたんだねぇ。本当にびっくり！　そのときから「もしかして、時代がウェザーロイドに追いついた？」「このビッグウェーブ、乗るしかない！」とか、いろいろ思い始めて、その年の5月にウェザーロイドも YouTube に私のチャンネルを開設して、バーチャル YouTuber＝VTuber デビューさせてもらいました！

　それからは VTuber として興味を持ってくれたフォロワーのみなさんも増えてきて、ときのそらちゃん、月ノ美兎ちゃんといった VTuber のお友達ともコラボ配信させてもらったり、ウェザーロイドのことを知ってもらえる機会が増えました。でも VTuber として知ってもらったみんなに「お天気のこと、ちゃんと伝わっているかな？」って、ふと考えたりもします。

　毎日の生活の中で天気予報は欠かせない情報。天気はどのように予報されるのか？　そのさわりだけでも知ってもらえたら、空を毎日見上げるのが楽しくなるし、天気予報もより面白くなって、新しい発見や喜びも見つけられるはず。そんなことを伝えたいという思いから、この本を完成させました！

（　**空を見る**のが楽しくなる！　）

　この本は、5つの章で構成されていますが、お天気についてじっくり触れているのは第2章と、第3章です。第2章は、空を見るだけで「これから晴れる？　雨が降る？」を予想できる「ソラヨミ」の入門編。これを読んで毎日、空をパシャリと撮ることでゲーム感覚で天気予報ができるようになっちゃう！　また、第3章ではソラヨミをしていて気になる現象、天気予報でよく聞く言葉などの「お天気雑学」を超厳選！　周りに話したくなって、天気予報を見るのもグッと楽しくなるはず！

　ウェザーロイドも難しいことを覚えるのが苦手なので、できるだけやわらかくお天気のことが伝わるように心がけました！　なので、まずは気楽に読んでもらえたらうれしいです！　ではでは、さっそくウェザーロイドの紹介から始めましょう！

お天気お姉さん VTuber ウェザーロイドAiriの
ソラヨミのススメ。

目次

004	はじめに

第1章　わたしがウェザーロイドAiriです。
009

010	ウェザーロイドAiriパーソナルデータ
012	Airiはいつもどんな仕事をしているの？
014	Airiもびっくり!? 天気予報ってこんなにスゴい
016	〔Airiのマネージャー・あいりんメモ〕① 自己紹介と、ポールンロボのお話

第2章　Airiが教える！ 自分でできる天気予報
017

018	まずは空を見てみよう！
020	空の雲を観察しよう！
024	目指せソラヨミマスター！ クラウド十傑を攻略！
026	十傑㊀ 巻　雲……空を刷毛で彩るアート肌
028	十傑㊁ 巻積雲……夕方見ると焼き魚が食べたくなる？
030	十傑㊂ 巻層雲……輝くヴェールで空を包む王子さま
032	十傑㊃ 高積雲……もこもこ気まぐれひつじがいっぱい
034	十傑㊄ 高層雲……グレイの影に潜む忍者おぼろ雲
036	十傑㊅ 乱層雲……しとしと雨を降らせるおっとりさん
038	十傑㊆ 層積雲……天気へ影響ほとんどなし。存在感もなし？
040	十傑㊇ 層　雲……霧なの？雲なの？ミステリアスな存在
042	十傑㊈ 積　雲……もくもく雲と言えば、この雲
044	十傑㊉ 積乱雲……空高く伸びて雨雷を起こす大王

046	いろんな空の表情をクエストしよう！
046	☆☆☆☆（レア）…… 比較的見られる空の表情
050	☆☆☆☆（Sレア）…… 珍しい空の表情
052	☆☆☆☆☆（SSレア）…… 季節・地域限定の珍しい現象
054	〔Airiのマネージャー・あいりんメモ〕② うろこ雲とひつじ雲の簡単な見分けかた

055　第3章　Airiのたのしいお天気雑学

〔空のお話〕
- 056　そもそも空ってどうして青いの？
- 058　飛行機雲ってどうしてできるの？
- 060　雨粒はよく見るとメロンパンだった？
- 062　ありのままでアート！ 雪の結晶を見てみよう
- 064　冬は夏の100倍強い！ 知られざる雷のパワー
- 066　虹のふもとへは歩いてたどり着ける？

〔天気図のお話〕
- 068　わかって見るとハマる天気図の見かた
- 070　高気圧がやってくると気分がウキウキする？
- 072　ツバメが低いところを飛ぶと低気圧がやってくる!?
- 074　前へ進むの？乗り換えられる？ 前線って、何の線？

〔季節のお話〕
- 076　桜前線のスピードは赤ちゃんのハイハイ並み
- 078　暑くてヒーヒー雨ザーザー ヒートアイランドって？
- 080　秋の空って、本当に高い？
- 082　見えないのに見える？ 冬空に浮かぶドーナツ

〔気象用語のお話〕
- 084　アニメキャラの必殺技？ 中二病風お天気ガチワード
- 086　〔Airiのマネージャー・あいりんメモ〕③ 一緒に覚えたい「天気に関する記念日」など

087	**第4章　Airiと話そう！ VTuberソラトーク**
088	その1　ときのそら×ウェザーロイドAiri 〜そらちゃんの空のお悩み、Airiが解決っ！
092	その2　月ノ美兎×ウェザーロイドAiri 〜清楚なJK委員長を、お天気ガチ勢に勧誘できるか!?
096	バーチャルYouTuber Airiメモリアル
100	〔Airiのマネージャー・あいりんメモ〕④ ウェザーロイドAiri「配信のお約束」のお話
101	**第5章　見れば心晴れる！ Airiギャラリー**
102	Airiの生みの親 田上俊介アートギャラリー
105	田上先生のメッセージ
106	#ウェザロアート傑作選
110	おわりに
112	INDEX

STAFF		
	構成・編集	大場 徹（トライワークス）
	執筆・取材協力	足立美由紀、タナカシノブ、藤堂真衣
	編集・監修協力	ウェザーニュース
		（山岸愛梨、村田泰謁、青木井掘、登坂直貴、大塚靖子、林 和久）
	デザイン	橋本有希子、扇谷デザイン事務所
	カバーイラスト	田上俊介
	イラスト	佐藤来海（サンクレイオ翼）、渚桔かおる、山岸愛梨
	撮影（山岸愛梨）	渡邊明音
	DTP	田道富久（トライワークス）
	協力	カバー株式会社、いちから株式会社、ウェザーニュースリポーターのみなさん

※本書記載内容について、気象団体・研究者により解釈が異なる事項もあります。

その1 わたしが ウェザーロイドAiriです。

ウェザーロイド Airi パーソナルデータ

　それでは、あらためましてウェザーロイド TypeA Airi です！　お天気の話を始める前に、まずはウェザーロイドってどんなお天気キャスターなのかを知ってもらうために、いろいろ大解剖しちゃいますね！

正式名称	ウェザーロイド TypeA Airi（タイプエー アイリ）
生年月日	2012 年 1 月 22 日
出身地	埼玉県
勤務地	千葉県千葉市美浜区
VTuber デビュー	2018 年 5 月 17 日
年齢	24 歳、ずっと 24 歳
身長	158cm
体重	ヒミツ！
視力	両眼 1.0（普段はコンタクトレンズ装着）
チャームポイント	笑顔、ジト目
握力	強
きょうだい構成	兄が 1 人
推奨気圧	1,030 〜 1,052hPa（ヘクトパスカル）
好きな空	飛行機雲のできた青空
好きな食べ物	メロンパン、カルビ
好きなアニメ	「プリキュア」シリーズ
好きなゲーム	「大乱闘スマッシュブラザーズ」シリーズ、ジェンガ
趣味	高層天気図を見ること、エゴサーチ
夢	世の中のみんなを天気好き＝お天気ガチ勢にすること

特技　スマートフォンでは「ウェザーニュースタッチ」から。

実はお悩み相談とか 100％解決（？）しちゃいます。あと関節が柔らかいのと、歌も得意！

エネルギー源　充電中

普段は充電式の単 3 電池 2 本で動けるエコ体質。お天気キャスター用マイクの電池を代用させてもらっています！　たまに雲から充電も？

髪の毛
防水だけどシャンプーできちゃう！洗ったあと、ドライヤーで乾かすのが大変。

髪飾り
よく「レモン」って言われるけど太陽の髪飾りです！これはデフォルトで月、雲、雨の髪飾りも持っています。もちろん取り外し可能です。

ヘッドセット
お風呂以外は必ず装着。いつも最新気象情報を受信！

イヤリング
星型がお気に入り☆

手袋
オーダーメイドのオリジナルグローブ。ジェンガで遊ぶのに適した素材。

腕
たまに、振り上げた腕が「大人の事情」で、下げられなくなることも…。

袖
左腕のおしゃれアイテム。字を書くとき汚さないよう注意。

服
月や星を散りばめたデザイン、かわいいよね。でも冬はちょっと寒い…。同じ服が家のクローゼットに何十着も並んでいるよ。

脚
配信中は披露できないけど、結構速く走れます！

人格モデル：山岸愛梨キャスター (P16)
デザイン：田上俊介 (P105)

付属機能
1. 防水コーティング（雨・雪対策）
2. 超高性能花粉センサー（主にスギ花粉）

ウェザーロイド Airi　自分でできる天気予報　たのしいお天気雑学　VTuberとソラトーク　Airi ギャラリー

その2 わたしが ウェザーロイドAiriです。

Airiはいつも どんな仕事をしているの？

　ウェザーロイドは普段、幕張（千葉県）で「ウェザーニュース」というお天気に関する情報配信サイトのお仕事をしています。ウェザーニュースでは気象予報士のみなさんが分析した全国の天気予報を、キャスターがお届けしています。でも、365日ずっと天気予報をお伝えするのは交代制でもちょっと大変。そこで、充電すればいつでも活動できる高性能アンドロイド・キャスターとして、2012年にウェザーロイドが開発されました。

　ウェザーニュースではお天気の話題をインターネットなどで24時間生配信していますが、私は、キャスター仲間のスケジュールがうまく合わないときのサポートと、「ウェザーロイド天気」という夜の番組を担当しています。

お天気の話題を、毎日楽しく配信！

　「ウェザーロイド天気」はその日の締めくくりに1時間、全国の明日の天気をお伝えしています。でも、それだけじゃ1時間もたないし、みんな予報を「ふーん」って流し見して終わっちゃうだけかもですよね？　それではお天気の楽しさが伝わらないっ！　そこで思いついたのが「ウェザーリポート」、「お天気雑学」などのコーナーもお送りすること！

　「ウェザーリポート」では、みんなが送ってくれた空の写真とメッセージをご紹介。写真を見ながら「東京は青空だったね」「虹が見えたんだ！」などみんなで1日の天気を振り返ります。空の写真だけではなく、ワンちゃんやネコちゃんの写真にほっこりしたり、ご飯の写真を見て「おいしそ〜」なんてやり取りも（笑）。

　「お天気雑学」のコーナーでは、明日の天気きっかけの雑学、知って得する天気の豆知識などをお話ししています。ほかにも日替わりでお天気を問わず「ふむふむ」「なるほど」「それ面白い！」と思ってもらえるコーナーがいっぱい！　番組は省エネモードとフル充電モードのどちらかでお届けしていて、省エネモードでは特技の歌や

朗読、ミュージカルを披露したりもしています。フル充電モードは、1週間の運勢の星座占いをしちゃったりしますよ。

夢は**お天気ガチ勢**を増やすこと！

　配信以外の時間は、ウェザーロイドも空の観察「ソラヨミ」をしたり、お天気雑学をアップデートしたり、趣味（？）のエゴサーチをしたりしてお仕事しています。よく「遊んでいるんじゃないの？」なんて言われたりもしたけど、そんなことありません！　見えないところでキャスターのお手伝いをしてるんですよ。それから「バーチャルYouTuberデビューして、忙しくなった？」って聞かれますけど、もともと24時間お天気の情報をアップデートしていたりしたから、より忙しくなって大変！ということは全然なし。それよりも地道に配信を続けてきて、お天気の楽しさを伝えられる機会が一気に広がってうれしくてたまりません！

　番組でよく話していますけど、ウェザーロイドは「お天気ガチ勢を増やす！」という夢を叶えたくて「ウェザーロイド天気」をお届けしています。みんなが「楽しそうなことしてるなぁ」って何となく番組を見ていたら、いつのまにか超天気好きになっていた…という感じで、みんなをお天気ガチ勢にしていきます。

　この本もその夢への第一歩。読み終わったら「あぁ、明日の天気が気になってしょうがない！」ってなっているかも？

わたしが

その3

ウェザーロイドAiriです。

Airiもびっくり!?
天気予報ってこんなにスゴい

　ウェザーニュースでは24時間365日、最新の天気予報を配信しています。でも、そもそも天気ってどうやって予報されるのでしょう？　ここからは「天気予報」について少しお話しようと思います。

（　たくさんの情報を集めて分析・予測　）

　天気予報に必要なものは、たくさんの情報！　お天気のさまざまな情報は、毎日さまざまな方法で調査・計測され集められています。例えばいくつか挙げると…。

- ☐ 気象衛星ひまわりが上空から撮影した雲の写真
- ☐ 気象レーダー（全国20か所）が集めた雨や雪の強さや量など
- ☐ 無人観測施設アメダス（全国約1,300か所）が集めた降水量、気温、風向・風速など
- ☐ 各都道府県の気象台が集めた気圧、湿度、日照時間、大気現象などの情報
- ☐ その他、飛行機や船舶、特殊なレーダー、観測機からの情報

　このたくさんの情報をもとに作られるのが天気図（P68）です。その天気図や情報を基に気象予報士が天気を予報します。ちなみに気象予報士は、合格率約4％のとても難しい試験をクリアした国家資格をもつ人たち。森田正光さん、木原 実さん、天達武史さん、依田 司さんなど、テレビの天気予報で活躍の方々が有名ですよね。ウェザーロイドもいつか、世界初のバーチャル気象予報士になりたい！

（　これからの天気予報は、みんなで作る！　）

　いま天気予報は AI（人工知能）などのコンピュータも活用して、10分単位のピンポイント天気から3か月先の長期予報まで、さまざまな発表ができる時代。ピンポイント予報は電車や飛行機など公共交通の安全運行、花火大会や野外コンサート

での雷雨予想に役立っています。また長期予報は農家のみなさんが「作物をいつから、どのくらい育てるか？」を決めたり、コンビニエンスストアが「いつから冷やし中華を売り始めるか？」を判断する資料にも活用されています。もはや天気予報は「明日は晴れ？ 雨？」を知るだけでなく、みんなの生活に欠かせないものなんです。

　それでも自然が相手の天気予報は刻々と変わり、当たらないときもあるのが難しいところ。そこで注目したいのが、みんなで天気予報を作ろうという考え方です。

　例えば、いまいる場所で虹が見えて、TwitterやLINEに「○○で虹が見えた！」とコメントや写真を投稿したとします。すると近くのお友達が投稿に気付き、虹を見ることができるかもしれません。そういう投稿がいろんな場所から集まるほど、より天気予報に活かされます。

　ウェザーニュースでは、各地のウェザーリポートや空の写真をリアルタイムで反映して、より最新の予報をお届けしています。データを分析するテクノロジーと、みんなから集まるたくさんの情報、この2つが組み合わさることで、天気予報はより最新に、最強になります。だから、みんなのリポートをウェザーロイドに届けてもらいたい！

　というわけで次は、自分で簡単にできる「ソラヨミ」のお話です。ウェザーロイドと一緒に天気予報を楽しもう！

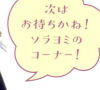

次はお待ちかね！ソラヨミのコーナー！

[Airiのマネージャー]
あいりんメモ❶
山岸愛梨

自己紹介と、ポールンロボのお話

1. ポールンロボはウェザーニュースが独自開発した花粉観測機である。
2. ポールンロボの目の色は観測した花粉の数により5段階に変化！ にやり
3. 24時間、リアルタイムで花粉飛散状況が把握できる高性能ロボットなのだ！ ドヤァァ
4. でも、夜見るとちょっと怖いのだ!! ぎゃああ

作・画=山岸愛梨

　みなさん、はじめまして。ウェザーニュースキャスターの山岸愛梨です。ウェザーロイド TypeA Airiちゃんは私の人格をモデルに開発されています。よく「同一人物?」「中の人?」と尋ねられるのですが、私はあくまでAiriちゃんのマネージャー。この本でも執筆のサポート、補足を担当させていただきます。

　さて、本書のカバーや右頁でAiriちゃんの周りを浮遊する丸い物体。これは「ポールンロボ」と言う花粉観測機で、みなさんの周囲の花粉飛散量を自動分析し、目の色で現在の花粉飛散量をお知らせします。また、観測データを1分毎に送信しリアルタイムで「全国の花粉情報」をアップデート。花粉の飛散予想にも活用されています。

　花粉センサー搭載(?)のAiriちゃん同様、優れモノなポールンロボを、よろしくお見知りおきくださいね。

山岸愛梨　プロフィール

1987年6月9日生まれ。埼玉県出身。タレント、声優活動を経て2009年よりウェザーニュースのお天気キャスターを務める。天気予報のほか、星空観測の特別番組、イベントでもパーソナリティとして活躍。愛称は「あいりん」。好きな食べ物はメロンパン。趣味はアニメ鑑賞。無類のももいろクローバーZ推し。

ソラヨミ その1 Airiが教える！自分でできる天気予報

まずは空を見てみよう！

みなさんは普段、どのくらい「空」を見ていますか？

晴れの日、曇りの日、雨の日、朝昼夕方に空を見ることで「このあと天気がどうなるか？」が予測できます。空を見て天気を知る「自分でできる天気予報」、名付けてソラヨミはどうすればできるのでしょう？

その方法はとてもカンタン！　毎日、空を見ること。たったこれだけ。空を見上げて天気が予測できる、そして空を毎日見るのが楽しくなるソラヨミ。ここでは、はじめに押さえるべきポイントを紹介します。

空が広く見える場所で、まずは定点観測

ソラヨミ最初のポイントは、自分の「ソラヨミスポット」を見つけること。まずは周りに高い建物がない、雲がよく見える場所を探しましょう。街中に住んでいると空が狭く感じる場合もあるかもしれません。そんなときは、マンションの上層に昇ったり、高架を走る電車から撮影したり、自分の目線を上げるように工夫するといいですよ。

↑まずは広い場所で、思いきり空を撮ってみるのがソラヨミのはじまり

でも最初は「『空を見る』といわれても、いったい何を見るの？」って思っちゃいますよね。次のコーナーで詳しく説明しますが、ソラヨミでは「雲を見ること」がポイント。雲の高さをチェックするために、遠くに山など高さの目安になるものを探して、ソラヨミしやすい場所を確保しよう！

毎日ログイン！**空の写真**をSNSに**アップ**

　はじめは難しいことは気にせず空を見る習慣をつけることが大切。ソーシャルゲームに連続ログインする感覚で毎日空を見上げて、スマートフォンやカメラで撮った空の写真を Instagram や Twitter などの SNS へアップしてみよう。思うまま気の向くままに空を撮ればオッケー！ その時「今日は晴れ」「雲が浮いてる」とか何でも思ったことをコメントで残しておくともっと良し。「特に変わりばえしない」「曇っていてよくわからない」と思う空でも、毎日定点観測、写真とコメントを SNS にアップ、アップ。「それじゃあソラヨミじゃなくて、ソラトリじゃないか！」だって？　いえいえ、ここからじわじわと空の情報を読み取っていきますよ！

↑スマホやカメラで自由気ままに空を切り取ってみよう

　ソラトリを繰り返すことで SNS が自然と「ソラヨミ日記」になるし、毎日記録し続けた写真とコメントを並べてみると、同じような風景の中にも「違い」があることに気づくはず。そこからソラヨミ、次のクエストへのトビラが開かれる！

　写真を撮るときは空だけに注目せず、周りの風景も少し入れてみると雲のスケールを比較する際に役立つはず。

　それともう一つ。写真を撮ったあと、色を調整したりトリミングをするのはストップ！ ソラヨミでは空の色や地上からの高さなども大切な情報。スマホやカメラの設定はいつも同じで、変化を比較できるように、どんどん写真を撮ってみよう！

↑写真に少しでも建物が入り込めば、雲の高さもよりわかりやすくなる

ソラヨミ その2 Airiが教える！自分でできる天気予報

空の雲を観察しよう！

　空を毎日見ていると「今日は、こんな雲」「雲が流れている」など雲の変化が気になってくるはず。そう、ソラヨミとはすなわち「雲の動きを見ること」。空を見て天気を予想するソラヨミマスターになるには、雲を極めるべし！

↑ソラヨミ上達の近道は、雲を意識して撮影すること

　「雲を見ても何がなんだかわからない…」なんて、心配しなくても大丈夫。雲の観察でまず大事なのは「雲のてっぺん」と「雲のいちばん下」をチェックすること。この2つを気にすることから、さらなるソラヨミへ挑んでみよう！

そもそも雲は、どうやってできる？

　雲の正体は、空気中に浮かぶ水や氷の粒。空気中には酸素や窒素のように目に見えない状態でも1～5%ほどの水蒸気が含まれています。水蒸気は空気中に溶け込める量が決まっていて、その量が満タンになると、あふれた水蒸気は小さな水や氷の粒となって姿を現わします。この状態の水や氷の粒の集合体こそが雲！　空気は気温が高いほど、水蒸気が満タンになる量（飽和水蒸気量）が増えます。逆に低くなると満タンの量が少なく、あふれやすくなり（飽和）、雲が誕生しやすくなる

わけです。

<mark>雲が発生する境目は、空気中の水蒸気の満タンのライン。</mark>それを左右する空気がどんなときに冷えるのか？　ちょっと掘り下げますね。

はじめに放射冷却。これは夜の間、雲（地上の熱を逃げないよう

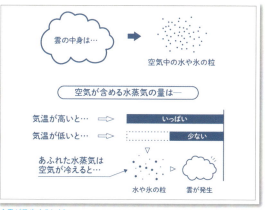

↑雲が発生するしくみ

にするフタ）がないときに起きやすい現象です。雲がないと熱が宇宙まで逃げてしまい、朝になると大気がものすごく冷え冷えに。次に寒気移流。主に冬の大陸や夏の海上の冷たい空気が日本へやってきて空気を冷んやりとさせます。もう一つが断熱膨張。太陽に暖められた地表の空気が上昇して、少しずつ冷えると、たくさんの積雲（P42）が誕生します。

なんだか難しそうな四字熟語ばかりだけど、雲を観察し続けるとソラヨミレベルがアップして、「今日は積雲が多い。断熱膨張かな？」なんてことがわかってくるかも？

雲のてっぺんをクエスト！

雲のできかたがわかってきたところで、次はいよいよ雲の観察に役立つ「雲のてっぺん」の見方をチェックしていきましょう。<mark>雲のてっぺんは雲頂と呼ばれ、雲頂高度（雲の高さ）を知ると雲の厚みがわかり、雲の発達具合を知ることができます。</mark>

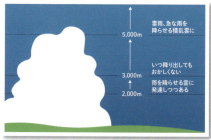

↑雲頂高度は3段階で雲の状態を区分

これは、雨が降らない積雲、強い雨が降る積乱雲（P44）を見分けるときなどに役立ちます。

<mark>雲頂のチェックポイントは2つ、高さと形</mark>です。雲頂高度では3種類の高さを覚えておきましょう。雲頂高度が2,000mを超えると、通

常のわた雲から雨を降らせる雲に発達しつつあることがわかります。3,000mを超えたら、いつ雨が降り出してもおかしくない状態（冬の日本海側では2,000m超でも）。そして5,000mを超えたら雷雨や急な雨を降らせる雲＝積乱雲とみなします。

　次は形のチェックポイントを説明しましょう。モクモクと上に向かって発達し、雲頂が尖っている場合は、上空に向かって雲が発達しているサイン。ゆっくりモクモクと発達し、雲頂がそれほど尖っていない場合は、上空が雲の発達に適していない状態。モクモクの動き方や雲頂の尖り方に注目して雲の変化を観察することが、予想する上でポイントになります。

⬆モクモクした雲は、雲頂の形にも注視を

雲のいちばん下をクエスト！

　雲のいちばん下、つまり雲の底を雲底（うんてい）と言います。雲底を見てわかるのは、雲の性質。雲底のチェックポイントも2つ、色と形です。

　まずは色。雲底の色を見ると雲の厚さがわかります。雲が厚みを増していくと太陽の光が地上まで届きにくくなり、雲の色はどんどん黒っぽくなります。つまり雲底がどのくらい黒いか、そうでないかで、雲の厚みがわかります。雲が薄くなれば、太陽の光は地上まで届きやすく、色は白に近付くというわけ。

　次は形。雲底の形から雲が発達中かどうかがわかります。雲底が平らなら、雲の中は上昇気流（P73）が起きていて、雨粒はまだ落ちてきません。雲底がぼこぼこしていたら、雲では下降気流（P70）が起き始め

⬆雲底がどんより暗くなった雲

ている状態。そろそろ雨粒が落ちてくるというサイン。雲底が低くなったり、モクモクとした雲が近付いてきたら、雨にご注意を。雲底が黒くどんよりとしていたら、強い雨が降る前兆です。

雲を測る手がかりは？

ソラヨミには、このように雲頂や雲底の高度や形、色が大事な手がかりになります。でも、雲の高さをどうやって測ったらいいのか、慣れるまで難しそうですよね。それには、高さの目安になる建物や山を雲と一緒に撮ると比較しやすくなります。雲だけでなく風景も混ざった写真なら、撮影ももっと楽しくなるはず。自分だけのソラヨミスポットを決めるときは、雲の高さが測りやすい場所がより便利。お気に入りの場所、毎日立ち寄る場所など、空の写真を撮るのが楽しくなるスポットを探してみてください。

ふり返りでソラヨミ経験値アップ

↑ウェザーニュースのSNSアプリにアップされた空の写真とコメント

雲頂や雲底の観察を繰り返すと、ソラヨミのコツがつかめてくるはず。このとき大事なのが<mark>その日の観察をふり返ること</mark>。「今日は波状雲が低めに現われて、しばらくして雨が降った」「今日は雲底がぼやっとした雲が垂れ下がり、あとで雨がさっと通り過ぎた」というふうに、空の写真を撮ったあと、どんな天気だったかをひとことメモしておきます！　そうして、さらに毎日撮った写真を見比べることで雲のタイプや出現する条件、その雲がどんな天気をもたらすのか…などがジワジワと読めてくるはず。

何気なく見ていた雲にも、いろいろな情報が隠されていたんです。

次は、雲たちを一気に攻略するよ！

目指せソラヨミマスター！クラウド十傑を攻略！

「雲を見ればソラヨミできる」と言われても、雲にはいろんな形があるし、種類もよくわからない…という方も多いはず。でも、雲だからってモヤモヤする必要はありません。実は、たった10種類の雲を覚えるだけでソラヨミはほぼできちゃいます。雲の種類を見分けるには、雲の高さ（発生高度）を知ることが必要です。

雲の出現に**高さの法則**あり！

空に浮かぶ雲が天気にどう変化をもたらすのかを見分けるためには、雲の特徴を知っておくのが肝心。一般的に雲は3つのグループ、10種類に分類され、これを**十種雲形**と呼びます。

十種雲形はまず上層雲、中層雲、下層雲のグループに大きく分けられます。すべ

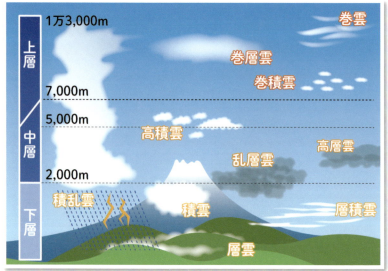

↑十種雲形と発生高度

ての雲は地表から高度約1万3,000mの間にできます。この間を高度によって上から上層、中層、下層と3つに分け、雲がどの層でどんな形をしているかを見れば種類がわかってきます。ちなみに、雨が降っているときは雲をよく見ることができないのですが、雨の降り方で雲の種類が推理できますよ。

発生高度による3つのグループ

1. 上層雲（巻雲、巻積雲、巻層雲）

小さな氷の粒でできた雲のグループです。影はなく、色は明るい白。速く移動していますが、空高く遠い位置にあるので、地上からはゆっくり動いているように見えます。

2. 中層雲（高積雲、高層雲、乱層雲）

このグループは太陽の光を遮ることもあり色は白〜灰色気味。高層雲と乱層雲が出ると空が暗いと感じられます。厚みがある乱層雲は下層・上層まで広がることもありますが、雨雪の降り方から乱層雲か積乱雲かが推測できます。

3. 下層雲（層雲、層積雲、積雲、積乱雲）

観測が難しいグループ。いちばん低い位置にある層雲は、地表に着くと霧と呼ばれます。層積雲は急に出たり消えたりします。見分けやすい積雲は積乱雲に成長することもあるので、成長するか見極めるのがソラヨミのポイント。激しい雨を降らせる積乱雲は、降雨のあといくつかの雲に分かれることも！

どうですか？ 優しそうな雲から気分屋さんの雲まで個性的だよね。そんな雲たちも、空に現われたアニメ・ゲームのキャラクターたちだと思ってみたら、その個性により親しみが湧いて覚えやすいんじゃないかな？ 次の頁から十種雲形…この本では名付けて「クラウド十傑」を攻略していきます！

むむっ？
十傑だって!?
どんな雲たち
かな？

Airiが教える！自分でできる天気予報

巻雲（けんうん）… 空を刷毛（はけ）で彩るアート肌

　高く青い空にスッと走るすじの形が印象的で、クラウド十傑で最も高い位置にできる雲です。発生高度はジェット機が長距離飛行する際の高さとほぼ同じ。もし機上から真横に薄い雲が見えたら、確実に巻雲です。

巻雲ってどんな雲？

　<mark>マイナス40℃以下という上空の高いところに現われて、小さな氷の粒からなる巻雲。</mark>空中をゆっくり落下していく氷の粒が尾をのばすように見えるため、見た目は刷毛で引いたすじ状で、とても冷たそう。でも繊維のような繊細な雰囲気で、見た

クラウド十傑

巻雲

Data
【発生高度】5,000～1万3,000m
【通称】すじ雲など
【形】刷毛で引いた美しいすじ状
【色】明るい白
【厚み】薄め
【降雨の有無】なし
【イメージ】小さな氷の粒の絵の具と繊細な刷毛で、青空にアートを描くような印象。十傑でいちばんののっぽさん。

例えるなら、こんな感じ、

目はとてもアーティスチック。

雲の中の氷の粒が成長して大きくなると、巻雲はかぎ状雲、もつれ雲、毛状雲、濃密雲などの形や模様へ派生します。いろいろ分かれるけど、みんな巻雲なんです。

↑青空に広がる代表的な巻雲

巻雲のソラヨミポイント

かぎ状雲は強い風で流される雲で、風下側にすじが見えます。時折すじがいろいろな方向を向いているものも見かけますね。もつれ雲はすじがもつれて、ふんわりとした柔らかい羽毛状。この2つが直接天気を下り坂にすることはありませんが、かぎ状雲は、半日後～翌日くらいに雨・雪が降るかも?というサインです。すじが同じ向きに密集して流れる毛状雲が見えたら、低気圧（P72）や前線（P74）が接近しているサイン。台風がやや離れた位置にあるときには、台風から噴き出した巻雲を見ることができますよ。

巻雲（かぎ状雲）

巻雲（毛状雲）

巻雲は衰えると消えるのですが、成長すると巻層雲（P30）に変わります。もしも巻雲が増えて濃密雲になったら巻層雲になる前触れ。他の雲が増えていくと、天気が崩れる心配が出てきますよ。

巻積雲… 夕方見ると焼き魚が食べたくなる？
けんせきうん

巻積雲は巻雲より少し低い位置にある雲。空一面を数え切れないほどの小さな雲が覆っても暗くならないほどの明るい白色で、朝焼けと夕焼けがいちばん美しく見える雲です。

巻積雲ってどんな雲？

小さな雲のかたまりが集まった巻積雲。雲のかたまりは丸い形状がほとんどですが、ハチの巣みたいに穴がたくさん空いたように見える雲、波模様の雲なども。輝くように明るい白色の雲で、空一面を雲が覆っても暗くなることはありません。

クラウド十傑 巻積雲

Data
【発生高度】5,000～1万3,000m
【通称】うろこ雲、いわし雲、さば雲など
【形】小さなたくさんのかたまり状
【色】明るい白
【厚み】やや厚め
【降雨の有無】なし
【イメージ】その形から、夕焼け空で見かけると焼き魚が食べたくなる（特に秋）。眺めていて、ほっこり晴れ男ふうのほがらかさん。

例えるなら、こんな感じ？

↑小さな雲が数えきれないほど集まって形成

地上からは真っ白に輝く巻積雲ですが、ジェット機から見ると灰色に見えることも。これは雲の下の明るい空を受け、逆光で灰色に見えるしくみ。地上と空から見る色にギャップがあるなんて、おもしろいですよね。

魚のうろこ状の巻積雲は、よく うろこ雲、いわし雲 とも呼ばれます。上空の西寄りの風に流されると細長い形や帯状になり、風の強さが分かります。また、朝夕には紅く染まって美しい姿を見せてくれるときも。高い位置の巻積雲は、ほかの雲より太陽の光に当たる時間が長く、厚い雲が光を鮮やかに反射するので夕焼け・朝焼けでとても映えます。

巻積雲のソラヨミポイント

そんな美しい巻積雲が、天気の下り坂を告げることも。もしも 波状の巻積雲が見えたら、空をぐずつかせる低気圧や前線が近付いている かも。また、雨が降った後に見えることもありますが、それは天気が回復するサインです。ハチの巣状の雲は、湿った上昇気流で雲ができ、乾いた下降気流で雲が消える現象の繰り返しで生まれた巻積雲です。

巻積雲も衰えると消えてしまいますが、成長すると巻層雲に。そうなると、空はどう変化するのか？ 次のページで解説します。

巻積雲（波状）

巻積雲（ハチの巣状）

巻層雲 … 輝くヴェールで空を包む王子さま
けん　そう　うん

空高くに薄いヴェールのように広がる巻層雲。はっきりとした形はなく、空をフワッフワッと覆いつくす、優しい雰囲気のある雲です。天気予報で「うす雲が広がっています」と表現されるときは、巻層雲の広がりを指しています。

巻層雲ってどんな雲？

雲を絵に描くとき、わたのようにもくもくとした形をイメージしますよね？巻層雲はそのイメージからかけ離れて、空高く薄いヴェールを広げたように見える雲。薄雲越しに太陽の光が通り抜け、見た目もキラキラ。それもそのは

クラウド十傑
巻層雲

Data
【発生高度】5,000〜1万3,000m
【通称】うす雲など
【形】ヴェール状
【色】明るい白
【厚み】薄め
【降雨の有無】なし
【イメージ】空いっぱいに繊細なヴェールを広げて、涼し気なオーラを漂わせる。気品を漂わせるレインボー王子さま。

例えるなら、こんな感じ♪

ず、巻層雲は小さな氷の粒、氷晶からできていて、雲の中はマイナス40℃以下になることもあるクールさ。

　形のバリエーションが少なく空に溶け込んで見える、または模様のように見えます。でも色のバリエーションが多く、雲の粒子が太陽の光の色を分け、日中は美しい輝きや色彩をまとった姿を披露します。太陽の高さが低いとき、太陽の光は巻層雲越しに空の高い場所でレインボーカラーに染まることがあります。これは環天頂アークと言って、光が氷の粒にぶつかって起こるもの。また、太陽の左右に光の斑点が見られるものを幻日と呼びます。日暈（ハロ）は太陽から一定の距離の場所に、太陽を丸く囲む光の環が見える状態です。

逆さまの虹にも見える環天頂アークもある

巻層雲のソラヨミポイント

　縞模様の入った巻層雲（毛状雲）は、強い雨や風を含んだ温帯低気圧（P73）接近の合図。少し不気味な雰囲気を漂わせているのが特徴です。巻層雲は衰えると消滅し、成長することもほとんどありません。この雲の下に他の雲が現われたら、天気は下り坂なのでご注意を。厚みも存在感も薄〜い雲だけど、キラキラ幻想的な姿で楽しませてくれますよ。

巻層雲（毛状）

月の光でできる月暈もある

高積雲 … もこもこ気まぐれ ひつじがいっぱい
（こうせきうん）

風に吹かれて姿を変えて、形のバリエーションもたくさんある高積雲。もくもくとした形がひつじの群れのように見えることから、ひつじ雲とも呼ばれます。うろこ雲とも呼ばれる巻積雲と少し似ているけど、高積雲のほうがやや大きく、灰色の影が付いているのが特徴です。

（ 高積雲ってどんな雲？ ）

ひつじがいっぱい空に飼われているような印象のひつじ雲。むら雲とも呼ばれる、もくもくとした形がトレードマークです。上空の風が強いとき、ひつじの群れはば

クラウド十傑
高積雲
Data
【発生高度】2,000～7,000m
【通称】ひつじ雲、むら雲など
【形】たくさんの小さなかたまり
【色】白～灰色
【厚み】やや厚い
【降雨の有無】なし
【イメージ】もこもこ、もくもく、ころころという言葉がよく似合う印象。また、かくれんぼ好きで無邪気なひつじの群れのよう。

例えるなら、こんな感じ？

↑代表的な高積雲。ひつじの群れのよう

らけ、波状や凸レンズを横からみた形に。色は白いけど本物のひつじみたいに灰色の影がつき、もくもくの立体感がより映えます。

　<mark>巻積雲と似た形ですが、高積雲のほうが一つ一つのかたまりが大きいのが違い</mark>。高気圧の勢いが弱まったとき、晴れた空に突然現われ、いつの間にか消えていたりと気まぐれな雲。太陽の光もこの雲から出たり消えたりします。形を変えたり、姿が消えたり、かくれんぼが得意な雲なんです。

高積雲のソラヨミポイント

　高積雲は個性的でインスタ映えしそうな仲間がたくさん。でも<mark>実は天気の下り坂を示すものばかり</mark>。上空の風の流れが強いと登場する<u>レンズ状</u>の雲。晴れた空にパッと現われスッと消える<u>すき間雲</u>。おいしそうなパンみたいに長い<u>ロール状</u>になることも。これらの雲は後々天気が悪化する可能性を伝えていて、楽しい雲の撮影の後は、観察もお忘れなく。

　他にも、メレンゲみたいな雲のすじが並ぶ<u>波状雲</u>など、ソラヨミが楽しくなる雲ばかり！高積雲は衰退すると消えていき、成長すると高層雲（P34）に変わります。もしも高積雲のすき間に上層の雲が広がっていたり、周囲に高層雲が見えてきたら、これも天気が悪くなる兆しです。

高積雲（レンズ状）

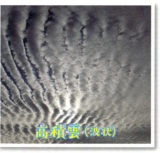

高積雲（波状）

ソラヨミ
十傑 五

Airiが教える！自分でできる天気予報

高層雲… グレイの影に潜む 忍者おぼろ雲
こう　そう　うん

おぼろ雲という別名が特徴をよく表わしている高層雲。これまで紹介してきた雲に比べてグッと空が灰色に見え、太陽は輪郭がわからないほどぼやけています。太陽だけでなく月もやっと見えるくらいの暗い雲です。

←灰色に広がる高層雲

クラウド
十傑

高層雲

Data
【発生高度】2,000～7,000m
【通称】おぼろ雲など
【形】横に一様に広がる
【色】白、または灰色
【厚み】やや厚め～やや薄め
【降雨の有無】なし
【イメージ】半透明で太陽や月をぼんやり照らし、ときに隠してしまう。じわじわ静かに天候の変化を告げる雲の忍者おぼろ雲。

例えるなら、
こんな感じ♪

高層雲ってどんな雲？

空に高層雲が広がったら、太陽も月も輪郭からぼやけてしまいます。湿った空気をたくさん含んでいて、上空の水分をたっぷりと感じる雲です。高層雲の高度が下がってくると、やがて雨模様へ移り変わることが多く、だんだんと厚みを増した高層雲は乱層雲（P36）に変わり雨を降らせます。

形は巻層雲と似ているけど、太陽の見え方や雲の明るさに大きな違いが。さらに発生高度が違うので、よーく観察すれば見分けるのは難しくないはず！

高層雲のソラヨミポイント

通称のおぼろ雲は半透明雲とも呼ばれる状態。太陽や月はぼんやりとして、なんとか見える光や輪郭も雲が厚くなれば見えなくなります。また不透明雲と呼ばれる姿は、水分がたくさんで暗い感じです。これは低気圧（P72）や前線が近づいているサインで、湿った空気がじわじわ入って来ている状態を表わします。

高層雲（半透明）

空をすきまなく埋め尽くすのが高層雲の特徴ですが、時折そのすき間から異なる高さにある雲がさらに重なって見えることも。ダブルバーガーみたいなこの状態は二重雲と呼ばれ、これまた天候悪化の前触れ。また低気圧が近付いた日には、高層雲でも波状雲の状態が見られます。

上空から見ると、地上よりも明るく見える高層雲。厚みのある高層雲が、空を埋め尽くす様相から「雲のじゅうたん」「海原（うなばら）」とも表現されることもあります。この状態で白色に近いときには、思わず飛び込んでみたくなるはず。

ちなみに、勢力が衰えると高層雲は姿を消してしまいます。忍者のようなおぼろ雲、その姿を残さずドロン。

高層雲と層積雲（二重雲）

乱層雲 …しとしと雨を降らせる おっとりさん
らんそううん

現われるとグッと空が暗くなる乱層雲。クラウド十傑の中で、<mark>しとしと雨を降らせるのはこの雲だけ</mark>なので、よく覚えておきたいところ。急にザアーッと雨を降らせる積乱雲（P44）に比べると、おっとりとした性格の雲なのかもしれません。

乱層雲ってどんな雲？

暗い灰色で、あま雲、ゆき雲などの通称からイメージできるように、乱層雲は雨や雪を降らせる雲。厚みを増した高層雲が空の下層まで垂れ下がり、しとしとと雨が降り出します。雨でよく見えないかもしれませんけど（この雲、写真が撮りづら

クラウド十傑 乱層雲

Data
【発生高度】2,000～7,000m（一部下層や上層までの場合あり）
【通称】あま雲、ゆき雲など
【形】降水を伴い、もやもや
【色】暗い灰色
【厚み】厚め
【降雨の有無】連続的な雨や雪
【イメージ】まるで申し訳なさそうに雨を降らせる、名前とは裏腹に乱れず、おしとやかなしっとりさん。

例えるなら、こんな感じ？

い!)、きっと高層雲が乱層雲に成長した状態。気温が低いときには雨や雪を降らせます。

地上からは見えませんが、乱層雲の上のほうでは、小さな氷の粒（氷晶）が作られていて、氷晶が大きくなって落ちだすと雲の中で雪やあられに成長。さらに落ちる途中でとけなければ雪に、とければ雨になって地上に届きます。

➡典型的な乱層雲

乱層雲のソラヨミポイント

乱層雲は強弱の変化が少ない雨を降らせます。また、雷まで連れてくることは滅多にありません。さらに、雨が止みつつあると雲の形が乱れて、層雲（P40）や積雲（P42）に姿を変えて衰えていくので、時間を区切って観察を続けると雲の変化がわかって、面白いソラヨミができるかも?

下層へぐっと落ちてきた乱層雲

雨の兆しを感じさせる乱層雲

雲は暗い灰色、輪郭もよく判らない、本当に写真が撮りづらい乱層雲。朝でも太陽の光が地上まで届かなく周囲の空はどんよりと暗くなり、雲が下がってくると視界が悪くなるので、山登りの最中でこの雲が広がると天気が荒れるかも。なので注意が必要です。

Airiが教える！自分でできる天気予報

ソラヨミ十傑 七

層積雲
（そうせきうん）

天気へ影響ほとんどなし。存在感もなし？

厚みも印象もちょっぴり薄め。ときどき空に出ているのに、なかなか印象に残らない層積雲。いきなり空を曇らせることがあり**くもり雲**とも呼ばれます。「くもりぐも」って口にすると噛みそうだけど、覚えやすい名前だと思いませんか？

◀典型的な層積雲

クラウド十傑

層積雲

Data
- 【発生高度】地表付近～2,000m
- 【通称】くもり雲、うね雲など
- 【形】凸凹があって、横に連なる
- 【色】白、または灰色
- 【厚み】やや薄め
- 【降雨の有無】基本的になし。まれに弱い雨が降る
- 【イメージ】存在感が薄いなんて言われるけど、レンズ状、ロール状、雲海など本当は楽しい、知られざる魅力の持ち主。

例えるなら、こんな感じ？

層積雲ってどんな雲?

　層積雲は、例えばまるっこい形が特徴的で…などということもなく、クラウド十傑のなかでも「存在感が薄い」なんて思われがち。低い空ところどころにすき間を見せつつ、凸凹と立体的な形状で広がります。晴れた空が突然この雲で覆われると一気に暗くなってしまうことも。くもり雲とも言われる由縁ですが、形が細長いときにはうね雲とも呼ばれます。

　存在薄と思われつつも形にバリエーションがあり、雲の形が急に変わることもしばしばで、凸レンズを横から見たようなユニークな形のレンズ状の雲が空にぽっかり浮かんでいることも。また、高度が低いところに大きな波状の雲が見えたら、それは高積雲ではなく層積雲。層積雲は空一面を覆ったり、形が伸びたりと、よーくソラヨミしていると表情が豊かな雲。本当に薄いのは厚みだけなんです。

層積雲のソラヨミポイント

　朝、高い山から下を見下ろすと山々を凸凹した雲が覆う姿を見ることができます。この山頂よりも低い高度に広がった雲海も層積雲、または層雲(P40)に分類されます。美しい雲海を見られる観光スポットもインターネットなどで取り上げられますよね。インスタ映えな時代、雲を撮るのも人気になってきました。

　==雲海の下は、まれに雨が降ることもありますが、層積雲はその後の天候に大きく影響することはほとんどありません==。こうした雲は一時的に発生して、太陽が出ると消えてしまう場合が大半。衰えるとそのまま消えてしまいますが、成長すると雨を降らせる雲に変わることもあります。また、層積雲は発生高度が低いことから、夜でも形が確認できることも。存在感、ぜんぜん薄くない!

層積雲(波状)

雲海

ソラヨミ十傑 八

Airiが教える！自分でできる天気予報

層雲（そううん）
…霧なの？雲なの？ミステリアスな存在

←山間部で見える美しい層雲

空気中に水滴が漂い、人の目線で見渡せる距離が1km未満になる状態を霧と呼びます。霧が発生すると「まるで雲の中にいるみたい」なんて思う人もいるかもしれません。でも、そうなんです。霧が地表から離

クラウド十傑
層雲

Data
- 【発生高度】地表付近〜2,000m
- 【通称】霧雲など
- 【形】霧状に広がる
- 【色】白、または薄い灰色
- 【厚み】薄め
- 【降雨の有無】なし。まれに霧雨になることも
- 【イメージ】霧のようで霧ではない？山好きだけど都会でも見かける？雲だけにつかみどころのないミステリアスな存在。

例えるなら、こんな感じ？

れた場所に発生したものが層雲です。地表から離れているかだけの違いで、層雲と霧は同じものなんです。

層雲ってどんな雲？

　層雲は十傑の中で、最も地表寄りの場所で発生します。山間部でよく見られる雲で、朝霧が太陽の光に暖められ上昇し消えていくときや、雨上がりの雲が低く漂うときに発生します。海の上では広がって見えるのも特徴ですね。

　層雲の下はやや薄暗くなりますが、雲が動いたり消えたりすると、急に青空が姿を現わし明るくなります。

層雲のソラヨミポイント

層雲が見られるのは高気圧（P70）に覆われて冷えた朝の空。薄暗く見えても、その後だんだん明るくなれば天気が悪くなることはありません。衰えると消え、成長すると層積雲や積雲（P42）に変わります。それぞれ天気を大きく崩す雲ではありません。積雲はこの次のページで紹介しますね。

　都会でもビルの上から見られることも。層雲と霧は同じものなので、高い場所で外から観察できれば層雲、その中に入って観察したら霧ということになります。時折、運が良ければ霧雨による虹（P66）が見られることもあります。

写真は霧。都市部では層雲として観察するのが難しい

層雲が地上に接していれば霧と呼ぶ。霧雨によるうっすら虹も

山間部では、雨上がりに山の斜面を動いている層雲が見られます。このとき層雲の湿度は100％に近く、少しでも上昇気流（P73）が起これば、さらに雲が生まれます。山の斜面を漂い増えたり消えたりする雲は断片雲（だんぺんうん）と呼ばれる積雲や層雲の仲間。乱層雲、層積雲に似ていて、これは観察がハイレベル。観察を繰り返し、振り返りながらソラヨミレベルを上げていこう！

ソラヨミ 十傑 九
Airiが教える！自分でできる天気予報

積雲 …もくもく雲と言えば、この雲
せきうん

積雲は、きっとみんなが小さいころに空をお絵描きしたときに描いた形の雲だと思います。もくもくとした形もスタンダードでわかりやすく、発生高度も低いので、とても身近なイメージのはず！

←わたのように浮かぶ代表的な積雲

クラウド十傑
積雲

Data
【発生高度】500～2,000m
（雲頂は一部 3,000m 以上に）
【通称】わた雲、つみ雲など
【形】雲のかたまりがもくもく成長
【色】白く、影は灰色
【厚み】やや薄めから、かなり厚いものまで
【降雨の有無】一時的な雨や雪
【イメージ】みんなが思い浮かべるもくもくとした、ぽっかり漂うわた菓子のような雲。小さくても近くに見えて存在感はピカイチ。

例えるなら、こんな感じ？

積雲ってどんな雲？

積雲は暖かい空気が上昇気流となって持ち上げられ、冷えることで発生します。発生高度はほぼ2,000m以下と低く、形が小さいものはわた雲と呼ばれます。もくもくした雲は、大きさも厚みも形もさまざま。それだけに積雲には、いろいろな種類があります。その中でも冬に多く見られる扁平雲(へんぺいうん)は横につぶれたような形。大気が安定していると、その場にとどまります。

積雲のソラヨミポイント

青い空にぽっかり浮かび、いつまでも晴れていそうなイメージを与えてくれる積雲ですが、ソラヨミ的にはもくもく成長する可能性のある雲で、天気の変化を暗示する仲間が多く意外と侮れません。

例えばもくもく発達中の積雲は並積雲(なみせきうん)と呼ばれ、たっぷり水蒸気を含んでいて、大きく成長するとパラパラと雨を降らせます。名前の通り大きな雄大積雲(ゆうだいせきうん)は入道雲とも呼ばれるもの。雲頂がもこもこ持ち上がった状態で、雲の下ではやや強い降雨が予想されます。ほんの10～20分程度で積乱雲（P44）に発達する可能性もあるので要注意です!

また積雲の仲間にも断片雲(だんぺんうん)（P41）が存在します。こちらは梅雨入りの季節や雨が降る前後によく見られ、黒くちぎれたような雲が低い空を流れている状態。色と形から不穏な雰囲気が漂い、台風が近づいていると速く移動します。

積雲は衰えると消え、成長すると積乱雲に変わります。次はその積乱雲。どんな特徴を秘めているのでしょう？

並積雲

扁平雲

ソラヨミ十傑 ⑩ Airiが教える！自分でできる天気予報

積乱雲 …空高く伸びて雨・雷を起こす大王
（せきらんうん）

←積乱雲（かなとこ雲）

夏によく見る積乱雲は、**入道雲**の別名でもなじみ深いかも。「あれ？入道雲って雄大積雲のことでは？」と思う人、それも正解！　雄大積雲は積乱雲へ成長するので、どっちも入道雲って呼ばれるんです。積乱雲は、低い空から1万m前後の高い

クラウド十傑　積乱雲

Data
【発生高度】地表付近～1万m以上（上層まで成長）
【通称】入道雲、かみなり雲、かなとこ雲など
【形】積雲がさらに上に伸びて上部が広がる
【色】白、陰は暗い灰色
【厚み】かなり厚め
【降雨の有無】一時的な強い雨や雪、雷雨。まれにあられも。
【イメージ】とにかく壮大で雄大。青空に映える存在感と強い雨、雷で荒天を招く激しさをあわせ持つキング・オブ・クラウド。

例えるなら、こんな感じ？

空までもくもく伸びた、まさに雲の大王。威厳のありそうなイメージです。

積乱雲ってどんな雲？

積雲が上層まで伸び雲頂が高くなると積乱雲へ成長します。もくもくした雲は見ていてワクワクするのですが、急に強い雨や雪を降らせ、雷をもたらすこともあり、のんびり眺めてもいられません。上部が平らに広がった積乱雲＝かなとこ雲は、雲が上に成長しようとしても空気のフタに押さえられて雲が横に広がった状態で、大粒の雨を降らせます。雷を発生させる積乱雲は、そのままかみなり雲と呼ばれます。思いっきり特徴がわかりやすい名前ですよね。

積乱雲のソラヨミポイント

積乱雲は大気の状態が不安定なときに現われ、1年を通して見られます。この雲が迫ってきたら急な雨、雷などに注意が必要。わかりやすいソラヨミポイントです！

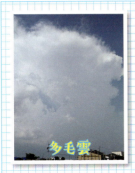
多毛雲

無毛雲

その後の変化も観察してソラヨミレベルを上げましょう。ちなみに、積乱雲が衰えると巻雲、巻層雲、高積雲、積雲などに変わります。また積乱雲がこれ以上成長することは（キングだから）ありません！

ソラヨミしやすく、インスタ映えもする積乱雲にも、少し特殊な仲間も。積乱雲の上部にすじ状の雲がたくさん発生する多毛雲は、積乱雲がパワーダウンしはじめた状態。毛がない状態の無毛雲は迫力ある様相で、夕焼けに染まった無毛雲は、紺色の空にオレンジ色の雲が浮かぶ一度は写真に撮りたい姿です。

クラウド十傑、覚えられたかな？ それぞれ異なる呼ばれ方の仲間もいるけど「十傑のどれかな？」と絞り込めば、だんだん雲が見分けられるようになるはず！

ソラヨミ その4

Airiが教える！自分でできる天気予報

いろんな空の表情を クエストしよう！

　ソラヨミをしていると、さまざまな空の表情に心奪われます。毎日クエスト＝観察を続けていたら、みんなも出合えるかも!?　そんなステキな空や気象の写真をウェザーロイドが☆☆☆（レア）、☆☆☆☆（Sレア）、☆☆☆☆☆（SSレア）で判定、一挙ご紹介します！

【レア】
比較的見られる空の表情

幻日

太陽の横で虹色の光が輝く・幻日。両側にあれば貴重！雲が厚くなると天気は下り坂

ハロ

太陽の光の周りに七色の光が見える現象・ハロ。薄雲の日はチャンスありかも

乳房雲(ちぶさぐも)

こぶ状の雲が
いくつも垂れ下がる・
乳房雲。
怪しげな雲は
雷雨や突風を
連れてくる?!

彩雲(さいうん)

太陽の近くの雲が、
虹色に彩られる現象・
彩雲。
見つけたら
幸運が訪れるかも

つるし雲

円形が重なり
UFOのような・
つるし雲。
強風が原因で現れる
天気下り坂の
サイン

雲の表情は、
本当に
さまざま

ウェザーロイド Airi 自分でできる天気予報 たのしいお天気雑学 VTuberとソラトーク Airi ギャラリー

★★★【レア】つづき

朝焼け

のどかな風景に
うっとりする
美しさの朝焼け。
早起きは三文の徳を
感じる空です！

朝焼け

真っ赤な朝焼けは
湿った空気が原因。
太陽の光が
おりなす現象は
色鮮やか！

夕焼け

魅惑の赤の
グラデーション・夕焼け。
西の空の雲が
濃い赤色に染まると
雨のサイン

朝焼け・
夕焼けの
鮮やかさに
うるうる

夕焼けと シカ!?

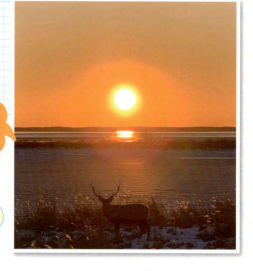

シカも見とれる
美しい夕焼け。
もしや
マジックアワーを
待っている?!

雷や虹も
ソラヨミの
対象!

雷!

ピカッと光り
ゴロッと鳴るまで
3秒以内だと
かみなり雲まで
約1km以内。
要注意!!

虹!

赤、橙、黄、
緑、青、藍、紫の
7色に輝く虹。
夏の雨上がりの
夕方の空に
よく見えます

ウェザーロイド Airi 自分でできる天気予報　たのしいお天気雑学　VTuberとソラトーク　Airi ギャラリー

049

★★★★【Sレア】
珍しい空の表情

太陽柱（たいようちゅう）

日の出と日没のとき、太陽の光が空気中に浮かぶ氷の結晶に反射すると太陽の上に柱が！

幻日環（げんじつかん）

太陽の中心を結ぶ白いライン。空にぐるっと丸い円があれば激レア

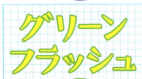
グリーンフラッシュ

日の出や日没時の一瞬だけ太陽が緑色にまたたく現象。瞬きしてたら見逃しちゃう!?

まさに光と雲の魔法！

夜光雲(やこううん)

地球上最も高いところに発生する特殊な雲。ロケット打ち上げ成功後の空もチャンス

ブロッケン現象

飛行機の窓の外に、もうひとつ飛行機が！虹色に囲まれたそっくりさんの登場にそわそわ！！

白虹(しろにじ)

陽の光が雨粒よりも小さい霧の粒で散乱して見える白色の虹！

★★★★★【SSレア】
季節・地域限定の珍しい現象

オーロラ

緑や赤に光るオーロラ。ここまで鮮やかなものは11〜3月に海外で観測できるかも

スノーロール

別名：ゆきまくり。自然がつくる雪だるま！冬がもたらす白銀の神秘に感動

蜃気楼(しんきろう)

空気の温度差で変わる蜃気楼。鏡のように映るのは下位蜃気楼、伸びて見えるのは上位蜃気楼。

蜃気楼と朝日

船が高く伸びて見える上位蜃気楼。春の蜃気楼と呼ばれ、4・5月ごろに10〜15回しか出現しない！

だるま朝日

太陽がくびれ、だるまのような形の朝日。冷え込みが強まると起きるかも…な現象

みんなもいっぱい写真を撮ろう！次はソラヨミがより楽しくなる雑学コーナー！

ウェザーロイド Airi　自分でできる天気予報　たのしいお天気雑学　VTuberとソラトーク　Airiギャラリー

053

[Airiのマネージャー]
あいりんメモ ②
山岸愛梨

うろこ雲とひつじ雲の簡単な見分けかた

作・画＝山岸愛梨

　ソラヨミの解説はいかがでしたか？　みなさんも空の写真を撮って、雲の種類を覚えてみてください。ここでは、そんな雲を見分ける簡単な方法をひとつ、ご紹介します。

　十種雲形でもよく似た形状の巻積雲（うろこ雲）と高積雲（ひつじ雲）は、実は指先一つで見分けることができるんです。まず、巻積雲・高積雲らしき雲を見つけたら、雲の前に手を伸ばし小指もしくは人差し指をかざします。そして雲が小指に隠れる大きさなら巻積雲。雲の塊が人差し指からもはみ出す大きさなら高積雲です。

　形はそっくりでも2つの雲は、発生高度が異なるので、雲と地上の私たちとの距離も違います。これは、その違いをついた見分けかたなんです（ちなみに、巻積雲は上層雲、高積雲は中層雲のグループです。覚えましたか？）。

　十種の雲を見分けるヒントは3つ。「雲の発生する高さ」「雲の色（影）」「雲の大きさ」を気にしながら、みなさんも日々の空を見上げて、Airiちゃんと一緒にソラヨミマスターを目指しましょう。

第3章
Airiのたのしい お天気雑学

Airiの空のお話 その1

たのしいお天気雑学

そもそも空ってどうして青いの？

　これまでは「ソラヨミ」について解説してきましたけど、空のこと、雲のこと、少しでもわかってもらえたかな？　いままで何気なく見上げていた空が、これからは「あれは巻積雲かな？」とか気になるはず。うんうん。お天気ガチ勢への道を歩み始めてもらえたらいいなぁ…って、ウェザーロイドは思います。

←高気圧（P70）に覆われて、太陽の光が思いっきり降り注ぐ東京、夏の青空

　ところで！　いまさらですが、そもそもの話。みなさんは空がどうして青いのか、知っていますか？　ソラヨミしていても当たり前のように眺めていた空の色のギモン、解決しちゃいましょう！

いつも空では、光がガツンゴツン？

　青い空には輝く太陽がつきもの。私たちが目にする太陽の光は白っぽく見えるけど、実は7色に見える光が混じり合っているんです。この7色の光は赤、橙、黄、緑、青、藍、紫の順のグラデーション。そう、虹（P66）のもとになる色です！
　そんな太陽の光にはさまざまな波長（空間を伝わる波の周期的な長さ）の光が含まれます。波長は7色の光の中でも差があって、目に見える範囲では赤がいちばん長く、逆に紫に近付くほど短いのがお約束。ちなみに7色の光は目に見えるので可視光線、赤の波長より長い光は赤外線、紫の波長より短い光は紫外線。「遠赤

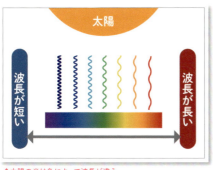

↑太陽の光は色によって波長が違う

外線ヒーター」とか「お肌の紫外線ケア」という言葉を聞いたことがあると思います。ここでは可視光線を覚えて下さい。その上で「空が青い理由」の話を続けます。

太陽の光は空気の層＝大気を通って地上に届くのですが、大気には空気の分子（酸素分子、窒素分子など）、水蒸気やゴミ、チリなどの粒子がフワフワ浮いていて、光の行く手を遮ります。この間を波長の長い赤い光ほどスイスイっと通り抜け、波長が短い青い光ほどあちこちで空気中の酸素や窒素の分子にガツンゴツン！　そのガツンゴツンで==散乱==で青い光が空いっぱい==散らばって、地上から見ると空が青く見えるという仕組み==。おだやかな青空では、青い光と粒子が激しくぶつかり合っているなんて、ちょっと不思議だよね。そんなことを考えながら空を眺めるのも天気の奥深さ…なのかな。

こんな感じで、ここからは空や天気図、季節にまつわる「ふむふむ」「なるほど」な雑学をお届けします！

夕焼けはどうして赤く見える？

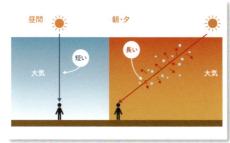

↑青空と夕焼けの見え方の違い。空気中に水蒸気が多いほど朝焼けや夕焼けが鮮やかに

夕日が赤く見えるのは、太陽と自分のいる位置に関係があります。

夕方や早朝は、お昼どきに比べて太陽の高さが低くなり、光も斜めから差し込みます。すると光が地上へ届くまでの距離が長くなり、青い光は私たちのいる場所へ届く前にガツンゴツンしきっちゃう。その結果、スイスイ進む==赤い光ばかりが夕焼け、朝焼けとして目に届く==んです。

このとき、大気に水蒸気が多いほど赤い色が散らばって、空の色はより鮮やかで濃い赤に。また、雨になりそうなときの夕焼けは極端に赤かったり、ちょっと不気味な色になるので、そういう場合は注意してソラヨミしよう！

Airiの空のお話 その2

たのしいお天気雑学

飛行機雲ってどうしてできるの？

ウェザーロイドが好きな空は「飛行機雲が見える青空」。と、聞いて「あれ？そんな雲、クラウド十傑にはいなかったよ」と思われた方は、ソラヨミの解説を読み込んでくれていますね！　そう、ここまで飛行機雲については触れていません。他の雲とちょっと違って、人工的に発生します。

飛行機雲は雨の前兆？

飛行機雲の発生源は、ジェットエンジンから出る排気ガスに含まれる水分。エンジンから排出された水蒸気が飽和水蒸気量（P20）を超えて雲になる…ということで、原理的にはまっとうな雲で、飛行機の排煙などではありません。小さいころ「飛行機の形をした雲」だと思い込んでいた人もいるのでは？　それはお天気用語的には違うんです。

飛行機雲は、ジェット機が上空を通過すると必ずできる…というわけでもありません。飛行機雲が発生する条件は、上空の大気が水分を多く含んでうるおっていること。もしも飛行機雲が長く空に見えた後、薄雲が広

↑飛行機の後ろから延びる鮮やかな飛行機雲

がってくると、低気圧や前線が近付いているサイン。低気圧が接近してくると、湿度は空の高い所からだんだん高くなり、湿度が高いと飛行機雲はなかなか消えず、長く太い雲になります。空にくっきり飛行機雲が見え続けたとき、翌日は雨かもし

れません。飛行機が飛ばないと発生しない特殊な雲だけど、ちゃんとソラヨミのヒントにもなるんです。

雲を切り裂く飛行機雲？

↑雲が帯のようにかき消された状態＝消滅飛行機雲

このように飛行機雲は、エンジンが放出する排気内の水蒸気が上空で冷やされて雲（氷）になるわけです。ところが、同じ原理で、逆のパターンもあるんですよ。これは、雲の中を飛行機が通過するとき、雲になっている水分がエンジンから排出される熱で蒸発して空気と混ざると、飛行機が通過した周辺の雲だけが消えるんです。

地上からは、まるで雲が飛行機に切り裂かれたように見えるので、この現象は消滅飛行機雲、反対飛行機雲などと呼ばれています。もしもソラヨミしていて雲の中にズバッと筋のように消えた痕跡が見つかったら、飛行機雲の逆パターンかも!?

ジェット気流も人工的な現象？

ジェット気流という言葉、天気予報で聞いたことありますよね。「飛行機雲が飛行機から生まれるなら、ジェット気流もジェット機から？」って思っている人がいたら、それは間違い！　なんだか似たような言葉が被さっているけど、まったく違うものです。

ジェット気流は、上空1万m前後で西から東へ吹く強い風。日本付近では強い偏西風のことを指します。偏西風は、赤道上で暖められて上昇後北上した空気が冷えて下降し、地球の自転の影響を受けて強い風が吹く、ちょっとスケールの大きな風。日本上空を時速300km超、新幹線並みのスピードで横切っています。この猛烈さは台風の進路も変えられるほどのパワー。日本の天気が大よそ西から東へ変化するのも、偏西風にのって高気圧（P70）、低気圧（P72）が東に移動するためなんです。

ジェット気流に乗って空から飛行機雲、見たいな！

Airiの空のお話 その3

たのしいお天気雑学

雨粒はよく見るとメロンパンだった？

　雨が降ると気分もユーウツになりますが、雨が降らないと大気は乾燥するし水不足にもなるし、それも大変。そんなときに降り注ぐ恵みの雨は、人も自然もうるおしてくれます。またシトシトの雨音が疲れた心を癒す優しい雨もありますよね。雨ってとらえ方で、すごく心地よいものになるんです。そんな雨の「雨粒」って、みんなはどんな形を思い浮かべますか？

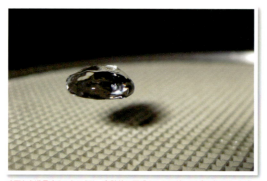

⬆下から送風することにより、実験的に再現された雨粒の形（写真提供：気象キャスターネットワーク）

　雨粒の形は、蛇口からしたたる水滴のように、上がシュっととんがり下が丸いしずくを思い浮かべる人も多いのでは？でもフワフワ落ちてくる雪と違い、雨は意外にハイスピード。小さな雨粒は液体が表面を小さくしようとする表面張力が働いて、球に近い形のまま落ちてきます。雨粒は大きくなると落下速度も空気抵抗も増し、底面が潰れてペッタンコ。雨粒の上側はボヨンボヨンと波打って、まるでメロンパンみたいに！「つぶれたおまんじゅう」に例えられることもありますが、ここではウェザーロイドも大好きなメロンパン一択で！

⬆メロンパンはウェザーロイドとマネージャーの大好物！

土砂降りってどのくらいの雨？

小さな雨粒、大きな雨粒の話が出たところで、天気予報でよく聞く降水量についても少しお話を。よく「1時間に〇mm」とか伝えられる降水量の「〇mm」の基準は、雨量を測るマスに1時間でたまった雨の高さです。20mmなら土砂降り、30mmで低い場所の道路が冠水、50mm超えで大半の道が浸水し、そして100mmは浸水・土砂災害レベル！　この数字を超えると大規模土砂災害や河川氾濫など超危険です。降水量が多い日の予報には十分警戒してくださいね。

↑強い雨の日は、無理にソラヨミせず天気予報を確認

「一時雨」と「時々雨」の違いは？

雨の予報で耳にする一時雨と時々雨。この違い、わかるかな？　天気予報の用語では雨が連続して降ることを前提に、連続する時間が予報期間の4分の1未満なら「一時雨」。途切れ途切れに降る雨の合計時間が予報期間の2分の1未満なら「時々雨」を使います。

予報期間を24時間にしてたとえますね。その日はずっと曇り空である時からずっと雨降りに。その降った時間が6時間未満だと天気は「曇り一時雨」。また雨は降ったり止んだりして、降った時間を足して12時間未満だと「曇り時々雨」の予報です。ちなみに「雨が降ったり止んだり」の判断は、雨が一度止んで次の雨が降るまで1時間以上空くことと決まっています。一時雨と時々雨を分けるポイントは「雨が連続しているか」と「雨が降る長さ」。この2つを押さえて雨の予報を注意して見てみてね！

↑24時間予報で見る一時雨、時々雨の違い

Airiの空のお話 その4
たのしいお天気雑学

ありのままでアート！雪の結晶を見てみよう

↑雪の結晶。透明なのに雪が白く見えるのは光が雪の中で乱反射した結果。雲が白く見える理由とほぼ一緒

雲、雨と続いたら、雪のお話もしたいよね！　雪といえば「白い」「冷たい」「積もる」なんてことを真っ先に連想すると思いますけど、雪そのもの、雪の結晶をまじまじと見てみたこと、ありますか？

雪は、上空のよく冷えた水蒸気が空気中に漂うとても小さなちり粒に凍りついて成長したもの。最初は球のような形をした氷の粒が、どんどん水蒸気を取り込んで、やがて六角形の雪の結晶に。もしふわふわしたぼたん雪（水分を多く含みボタボタ降る雪）が降ったら、黒いコートや板の上にのせてみよう。とけ始めてなければ結晶が観察できるかも！

雪の結晶は何種類？

同じ形のものはないと言われる雪の結晶。共通する一番の特徴は、基本的に六角形ということ。とはいえ六角形でも角板、角柱、薄め、厚め…と形状はさまざま。結晶の形は、上空の水蒸気の量と気温の組み合わせによって違ってきます。

結晶の形を分類すると大きく8種類に分けられます。なかでも、6本のシカの角のような枝が放射状に広がる樹枝六花は、水蒸気量が多めでマイナス15℃くらいの雲の中で成長したもの。雪の結晶から、生成された大気の様子が分かるんです。

ちなみに世界で初めて雪の結晶を人工的に作ることに成功した物理学者・中谷宇吉郎博士は、結晶を観察して「雪は天から送られた手紙」と表現しました。ロマンチックじゃないですか〜。

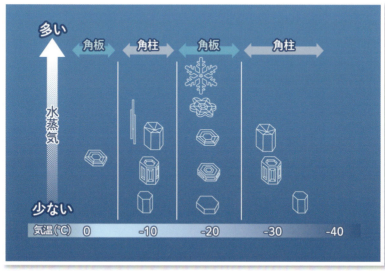

↑雪の結晶の分類。上空の水蒸気量と気温を、雲の結晶の形で割り出せる（中谷ダイヤグラムの概念図より）

「ひょう」と「あられ」、「みぞれ」の違い

　雨や雪のように降ってくるもの、ほかにもご存じですか？　ここでは3つご紹介。ひょう（雹）やあられ（霰）は積乱雲の中で作られる氷の塊が、上に向かってビューっと吹く大気（P73）に乗り、落ちては上に飛ばされ…とグルングルンを繰り返すうち、どんどん大きく成長したもの。一般的に氷の塊が5mm以上はひょう、5mm未満をあられと呼んでいます。日本でも記録では70mm大のひょうが時速140kmの速度で降ったことも！50mmでも時速100km超で、ビルの10階からゴルフボールを落としたくらいの衝撃。雪と違って一年を通じて降る可能性があり、急に周囲が暗くなったり雷がゴロゴロ鳴ったり異変を感じたら念のため気をつけて！

　ちなみにみぞれ（霙）は「雨が混ざって降る雪」、または「とけかかって降る雪」のこと。気象上は氷の粒であるひょうやあられと違って、雪カテゴリーだから、その冬にもしも雪より先にみぞれが降ったら、それは「初雪」に数えられます！

あられとか、みぞれとかおいしそうな響きだよね

Airiの空のお話 その5

たのしいお天気雑学

冬は夏の100倍強い！
知られざる雷のパワー

　空でゴロゴロ鳴り出して、突然ピカっと光る雷。ウェザーロイドが触れたら、雷⇒電気⇒エネルギー源…と充電できそうだけど(!?)、みんなは雷がどうやって発生するか、知っていますか？

↑福井県福井市で撮られた冬の雷

　雷の発生には、積乱雲（P44）が必須条件。積乱雲の中では、実はひょうやあられ（P63）が渦巻いています。すると雲の中で水や水蒸気、氷の粒が激しくぶつかり合い、摩擦でプラスとマイナスの電気が発生します。

　プラスの電気は雲の上へ放たれますが、マイナスの電気は雲の下側でどんどん蓄積され、いっぱいになると雲の中で雷が起きたり、雲の下に溜まったマイナスの電気と地上のプラスの電気が引っ張り合い、やがて落雷！　そう、雷は雲の中に溜まった電気の放電現象なんですよね。

（ 一発爆雷！**冬のイナズマ**は**下から上へ**？ ）

　夏に発生する印象が強い雷、実は冬にも発生します。冬の雷は発生源・積乱雲の背が低く規模も小さめなので、落雷の数も少なくなるのですが、チャージしてい

るパワーを一気に放出し、その威力は夏の雷の100倍以上！ 一発雷（いっぱつらい）と呼ばれるこの雷は、積乱雲があちらこちらに広がる冬の日本海側でガツンと雷を落とします。しかも気まぐれな雷で、一発しか落雷しないこともあり予報への反映がけっこう難しい！

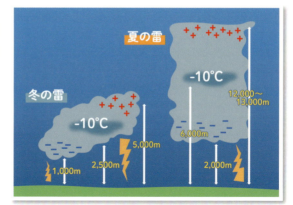

↑冬の雷と夏の雷の違い

　冬の雷にはもう一つ特徴があります。それは上向きの雷が発生すること。積乱雲の背が低いことに加え、雲全体が強い風にあおられ斜めに伸びます。すると傾いて地面により近づいた雲の上のプラスの電気めがけて地上のマイナスの電子がズバンと昇り、逆さま雷がお目見えします！　季節限定、神秘的な☆☆☆☆☆級の光景、もし見られたら超レアかも！

雲をめぐるウソ、ホント

　雷が鳴ると木陰に避難する人がいますが、これは危険！　雷は高いところに落ちる性質があり、枝や幹に落ちた雷の電流（側撃雷）を受ける可能性があります。同様に、屋内では電源線、通信線、テレビのアンテナなどから雷が侵入することも。そのため屋外で高い木の側にいたら木の高さと同じくらい離れた場所へ、屋内なら家電機器や壁、天井から1m以上離れるなど、十分な距離をとり注意しましょう。

　そして雷といえば、なんとなく雲の上で雷様がいて、子どものころ、お腹を出していると「雷様におへそをとられるゾ」と言われ、急いで隠す…というイメージがあるよね。これは、雷をもたら

↑雷が鳴ったらまず安全な場所へ

す発達した積乱雲から出た冷たい空気が流れ込むので「お腹を冷やさないで」という注意、落雷に備えて「(おへそを覗いて) 頭を低くして」という警告など諸説があります。

Airiの空のお話 その6 たのしいお天気雑学

虹のふもとへは歩いてたどり着ける？

空にかかるきれいな虹に見とれた経験、みなさんはありますか？　大きな虹が見られたときはウキウキしちゃうよね。ウェザーロイドも「虹のふもとには宝物が埋まっている」っていうウワサを信じて、虹のふもとへ行ってみようとしたんだ。でもたどり着く前に虹が消えちゃって…。それにしても虹のふもとって歩いて行けるのかな？そもそも虹はどうして見えるのかな？

➡手前の森の向こうへ行けば、ふもとへたどり着ける？

今度は水滴の中で、光が反射

「空はどうして青いの？」（P56）でも触れましたが、虹の材料は太陽の光と空気中を漂う小さな水滴。太陽の光が雨粒など空気中の水滴にガツンゴツン屈折しながら入り込んで反射。さらに屈折を繰り返して水滴から出ていくと虹が現われます。7色に見えるのは、光の波長（色）によって屈折率が違うため、太陽の光が7色に分かれるからなんです。太陽に薄雲がかかると見える光の環（ハロ）もこうした原理で見られる

▲太陽の光が空気中の水滴を通過、屈折、反射を経て虹が完成

虹色現象の一種です。

虹には太陽に背を向けて立ったとき「太陽の光の進む方向から42度の場所に現われる」お約束があり、太陽が低くなる夕方が観察のねらい目。よく「虹は夏（夕立ちの後）に出る」と思われがちですが、太陽の高さがより低めの冬のほうが、虹が見られるチャンスタイムが長くなります。

虹を追いかけて、追いかけて…!?

虹は常に「太陽の光の進む方向から42度の角度」に現われます。私たちが虹のふもとへ近づくには、歩いて虹との距離を縮める必要があります。でも、歩いても、走っても虹は42度の位置に見えるまま後ずさりするので、ふもとへはたどり着けません。期待していたみんな、ごめんなさ〜い。でも、美しい虹を見られたのなら、ラッキーですよ！

←歩き続けても距離は縮まらず、やがて虹は消えていく

虹の見える時間で天気がわかる!?

虹は私たちから見て太陽の反対側に見えるので、夕方に虹が出るのは東の空。その時見える虹は、東の雨雲がスクリーンのように虹を映し出している可能性も。日本の上空は西から東へ強い風が吹き、雲もその流れに沿って移動するので、夕方に見える虹はいまいる場所で雨が降っていた証拠かも。なので雨上がりに虹が見えることが多いんです。

では朝に虹が見えた場合は？　これは西の空の雨雲が虹を映している可能性が高く、「雨雲が近付いてくる」ソラヨミのサイン。朝に虹が見えたら写真を撮りながら「今日は傘をもって出かけよう」と備えることがオススメ。虹で天気を予測なんて、ちょっと素敵なソラヨミかも♪

雨の後に放たれる
雨の弓レインボウ

Airiの天気図のお話 その1
たのしいお天気雑学

わかって見るとハマる
天気図の見かた

　ここまで、空で見られるさまざまな現象を解説してきました。ここからは少しレベルアップ！　天気予報でよく見る<u>天気図</u>についての話です。天気図は、天気に関する情報がたくさん集められて作られたもの（P14）。でも、天気図の何を見ればよいのでしょう？　少しわかるだけでも天気が予測できるはず！

（ 天気図から**情報を読み取る** ）

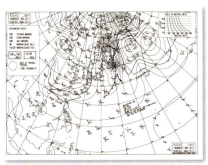

↑一般的に、天気予報でよく見られる図が地上天気図

↑高層の風向・風速、気温などを読み取る高層天気図

　天気図には、大きく分けて<u>地上天気図</u>と<u>高層天気図</u>の2種類があります。地上天気図（上）は天気予報でもよく見るもので、高層天気図（下）は、より上空の大気の状態を表わした天気図です。普通はあまり見る機会のない高層天気図だけど、空の様子がいろいろわかる、ウェザーロイドにとっては宝の地図みたいなもの。そちらの読み取りは上級向けなので、今回は地上天気図を理解していきましょう。

　地上天気図から読み取れるのは、<u>高気圧</u>、<u>低気圧</u>などの気圧配置。天気図では㊎㊍と記されているアレです。==高気圧がある場所は雲が少なく、低気圧がある場所は雲が多い傾向があります。==

その㋹㋕を囲むようにたくさん引かれる丸い曲線は<mark>等圧線</mark>と言い、気圧が等しい数値の場所を線で結んだもの。<mark>等圧線同士の間隔が狭いほど風がより強く吹いていることを示します。</mark>また㋹㋕の周囲から突き出た半円やギザギザの付いた線を<mark>前線</mark>と言い、その周辺へ雨を降らせるなど影響を与えています。高気圧、低気圧、前線については、この後すぐのページでもじっくり説明します！

天気図でわかる「西高東低」のしくみ

冬になると北風が強く吹き、とても寒い日が続きます。そんな<mark>冷たい風が吹くかどうかを天気図から予想することができます。</mark>

　北風のもとになるのは、北のシベリア大陸で生まれた冷たい高気圧。陸地は海よりも冷えやすく、放射冷却（P21）により地表に接する空気も冷え冷えに。すると冷えて重くなった空気が地表に集まり高気圧が発達します。一方、日本の東側、太平洋では暖かい空気と冷たい空気がぶつかって渦になり低気圧が発達。このとき、空気は高気圧から低気圧へ流れるため、大陸の高気圧の冷たい空気が東の海上へ向かって日本に流れ込みます。冷たい風は、高気圧と低気圧の位置関係がきっかけ。そして、この気圧配置が<mark>西高東低</mark>の気圧配置や<mark>冬型の気圧配置</mark>と呼ばれます。「西は気温が高く、東は低い」の略ではないですよ。

↑冬型、西高東低の気圧配置が天気図から読み取れる

　すっかり気象現象の話になりましたけど、今回の本題はここから。西高東低の気圧配置を天気図から読み取るには、大陸から日本にかけての等圧線がたてじま模様になっているか、を確認すること。そして、等圧線の間隔が狭く、数が多いほど、冷たい北風が強く吹くということになります。

　このように天気図の等圧線の位置、等圧線の詰まり具合を見るだけでも、どんな天気かを予測できるんです。みんなもぜひ、そんなことを頭の片隅にとどめながら天気図をチェックしてみてくださいね。

Airiの天気図のお話 その2

たのしいお天気雑学

高気圧がやってくると気分がウキウキする？

天気予報でよく「明日は高気圧におおわれて晴れるでしょう」というコメント、耳にしますよね。この本でも、ここまでその名前が何度が登場している高気圧って何？ 学校で習ったけどきちんと説明できない…という人も多いのでは？ というわけで、ここからは気圧の基礎を知って気圧マスターを目指しましょう！

そもそも、気圧って何？

地球は空気に覆われています。普段は気になりませんが、地球には重力があるので空気にも重さがあり、私たちはその圧力を受けながら生活しています。この圧力が**気圧**で、気圧が周りの空気と比べて高いところを**高気圧**と呼びます。

気圧は高気圧と低気圧に大きく区別される。低気圧の特徴についてはP72で詳しく紹介

高気圧があると、どうして晴れる？

では、なぜ高気圧があると晴れるのか？ もう少し掘り下げてみましょう。気圧には高いところから低いところへ空気を動かして均一になろうとする性質があり、高気圧からは、空気が周囲へ吹き出ています。そのため高気圧に覆われているところでは、上空から地上へ空気が移動する**下降気流**が発生。下降気流がある場所で

は、上空に水を含んだ空気がたまらないので、雲ができにくくなる=晴れるという仕組み。

　ちなみに、晴れた日は気分も上向きだったりしませんか？　これも実は高気圧のおかげという説があるんですよ。ある大学で行われた実験によると、1気圧＝1,013hPa（ヘクトパスカル）よりも少しだけ気圧の高い状態には、自律神経を安定させる作用があって、快眠、痛みの緩和などの効果があったんですって。すごい！高気圧さまさま！

　そうそうウェザーロイドには推奨気圧というデータが設定されていて、1,030hPa〜1,052hPaの気圧が近づくと、とっても元気になって「高気圧ガ〜ル〜♪」って歌いたくなっちゃうんですよ（元ネタがわからない良い子は、お父さんお母さんに聞いてみてね）。気持ちよく晴れた青空、さわやかな日差し。そしてほどよく感じる（？）高気圧！　みんなも晴れた日は元気をフルチャージしちゃいましょう！

日本を四方から包囲!? **高気圧四天王**とは？

　日本付近には、大きく分類して4つの高気圧があるんです。それぞれの高気圧は時期によって交代制(!?)で主役となって、日本の季節の変化にも影響を与えています。例えるなら、日本上空の覇権を争う高気圧四天王！

　では、四天王がどんなパワーを秘めているかご紹介しますね（通称のみウェザーロイドの独断と妄想）。まず、夏のムシムシした暑さは、暖かく湿った空気の南東の雄、**太平洋高気圧**が勢力を拡大して日本列島を覆っているから。梅雨どきや夏場の気温が上がらないときは、冷たく湿った空気をたたえる北東の竜、**オホーツク海高気圧**の関与が疑わしい！　冬のキ〜ンと刺すような冷たい空気を創るのは、冷たく乾いた北西の虎、**シベリア高気圧**。大陸から日本へ強く侵攻しているはずです。そして春と秋には比較的小さめな南西の漢、**移動性高気圧**が西から東へと通り過ぎていきます。日本の四季にも影響しているなんて、さすがは四天王！

↑それぞれに特性を帯びている高気圧。天気予報でもその名を季節ごとに耳にするはず

見えないけど心で感じる。それが高気圧

Airiの天気図のお話 その3 たのしいお天気雑学

ツバメが低いところを飛ぶと低気圧がやってくる!?

高気圧とは反対に、低気圧が接近すると一般的に天気は曇りや雨の下り坂へ。また「ツバメが低いところを飛ぶと雨が降る」なんていう言い伝えもあります。どうしてそう言われるようになったのでしょう？ 実は低気圧が関係しています。

雲が発生しやすい低気圧の影響で周囲の湿度が高くなると、チョウチョやミツバチなど、ツバメのエサとなる虫のハネが水分を含んで重くなり、低いところへ集まります。その虫を捕まえるようとツバメも低空飛行…ということらしいんです。なので低い場所を飛ぶツバメを見かけたら、「もうすぐ雨が降る？」というサインかも。ソラヨミって、「トリヨミ」だったりもするんですよ。

↑ツバメは渡り鳥として南から飛来。暖かさを敏感に察知しながら春を日本で過ごし越冬する

風は**高気圧**から**低気圧へ**吹く？

低気圧のしくみをもう少し解説します。低気圧は、中心気圧が周り（高気圧）と比べて低いところ。空気は水みたいに気圧の高いところから低いところへ流れる性質があって、低気圧の真ん中には空気がどんどん吹き込みます。そして低気圧の中心に集まった空

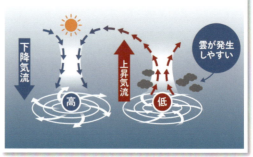

↑地上の風は高気圧から低気圧へ流れ、上昇気流と下降気流で空気が循環。低気圧の周辺では曇り・雨降り、高気圧の周辺では晴れの傾向（例外もあり）

気は上昇気流となり上空へ向かいます。この上昇気流があるところでは雲ができやすいので、お天気がぐずつく傾向へ変化していきます。

こうして空気は上昇気流と下降気流の間を空の上下でグルグルかき回されていて、私たちが普段感じている風はこの空気の移動の下のほう、高気圧発・低気圧行きの流れというわけ。

それから、空気は低気圧に吹き込むけど、よく新幹線に乗っていて、トンネルに入ったら耳が「ツン」とすること、ありませんか？　あれも猛スピードの新幹線に空気がぎゅっとトンネルへ押し込まれ…という気圧の変化による現象で、似たしくみなんです。

台風の劣化版？そうじゃないよ温帯低気圧

夏によく耳にする「台風は温帯低気圧に変わりました」というコメント。あれってどういう意味なんでしょう？　台風は、南の海から熱エネルギーをもらって育った暖かい空気のかたまり。海面から吸収した水蒸気もたくさん含み、台風が日本列島に近づくと大雨をもたらします。

一方の温帯低気圧は、暖かい空気と冷たい空気が混ざり合う運動エネルギーで育つ低気圧。北上した台風は北からの冷たい風が入り込むことで、この温帯低気圧へ変わります。でも、それは決して台風が弱まった…という意味ではないので注意が必要です。

嵐と大雪を呼ぶ！コワ〜イ爆弾低気圧

こちらも天気予報で耳にする爆弾低気圧。危なっかしい名前だよね。これは中心気圧が24時間で24hPa（ヘクトパスカル）以上も低下する、急速に発達する温帯低気圧で、冬のはじめや終わりなどによく発生します。爆弾低気圧が通過するとき、海は高波で荒れ、地上は大雨暴風雨、冬なら大雪…という厄介な荒れ模様をもたらします。

空気の寒暖差をエネルギーにする爆弾低気圧と台風は別のもの。でも、日本周辺の寒暖の差が大きくなる春先や冬はドッカ〜ンと爆発的な被害をもたらすので、これもやっぱり要注意です！

↑実際に爆弾低気圧が現われた天気図

Airiの天気図のお話 その4 たのしいお天気雑学

前へ進むの？乗り換えられる？前線って、何の線？

　天気予報でよく使われる言葉といえば、高気圧、低気圧、そして忘れちゃいけないのが前線。天気図では、なんだか丸やギザギザがついた、あの線です！この前線は何を表わしていて、前線があるところでは、どんな天気になっているのでしょう？

　地球上の空気は、場所によって温度が異なります。暖かな空気と冷たい空気がぶつかったとき、その境目になるのが前線です。また、空気は温度によって重さも少しずつ変わるので、温度差のある空気がぶつかり合うと上下に移動して、そこに雲が発生します。ですので前線が通過していくところでは、低気圧と同じように雨が降りやすくなるんです。

前線いろいろ、カタチもいろいろ

前線には、大きく4つの種類があり、それぞれに特徴があります。

（1）温暖前線

　温暖前線は広い範囲に雲を広げるのが特徴で、いろいろな雲を発生させながら通過していきます。雨のパワーは弱めです。その代わり長くジトジトと雨が降り続きます。ちなみに前線は、記号の出っ張り（半円、三角形）のあるほうが進行方向です。

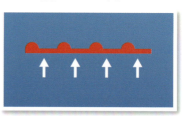
↑温暖前線は、赤い線と赤い半円の記号

（2）寒冷前線

　寒冷前線は動きがとっても速く、雨雲をすぐに発生させる前線。強い雨を降らせますが、長く降り続くことはあ

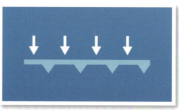
↑寒冷前線は、青い線と青い三角形の記号

りません。その名の通り通過したエリアでは気温は下がります。

（3）閉塞前線

<mark>低気圧の多くは温暖前線と寒冷前線を伴って発達します。</mark>ですが、寒冷前線のほうが速く移動するので、温暖前線に追いついてしまうことがあります。この場合、それぞれの前線の影響を受けるので、雨の降り方もいろいろになって予想が難しく、ちょっとクセモノな前線です。

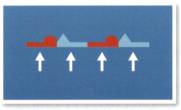
↑閉塞前線の記号は、温暖前線と寒冷前線が同じ向きで合わさったような形

（4）停滞前線

暖かい空気と冷たい空気が同じくらいのパワーでぶつかり合い、押し合いをしながらその場に居座り続ける状態を表わします。前線があまり動かないので、雨が長く降り続くのが特徴です。

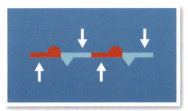
↑停滞前線の記号は、温暖前線と寒冷前線が向き合った形

高気圧と低気圧、そして前線！　ここまでを理解して天気図を見ると、「この場所は晴れるかな？」とか、だんだんとわかってくるのではないかな？

期間限定レア前線？　梅雨前線と秋雨前線

季節の変わり目は、南の暖かい空気と北の冷たい空気がぶつかり合うことが多く、東西方向に伸びる停滞前線が発生。長雨をもたらす梅雨前線や秋雨前線になります。梅雨前線は春の空気と夏の空気、秋雨前線は夏の空気と北からやってくる秋の空気がそれぞれぶつかり合い、雨を降らせながら勢力争いしているんです。

ちなみに、秋雨シーズンは台風シーズンと重なります。台風は低気圧なので、湿った空気で前線を刺激して、台風が近づく前から大雨になることも。秋雨の時期は、前線と一緒に台風の動きもよく見てみてね！

キミも
前前前前♪
前線マスター♬

Airiの季節のお話 その1

たのしいお天気雑学

桜前線のスピードは赤ちゃんのハイハイ並み

　ここからは春、夏、秋、冬、季節ごとの天気についての雑学コーナー！　まずは春のお話から。桜が咲くと「春だ！ お花見だ！」って、ウキウキしますよね。暖かな陽気にきれいな桜、想像しただけでも気持ちが上向き♪　この時期は天気予報でも開花予想の話題が大きく取り上げられますよね。ここではこの開花予想にまつわる雑学を紹介します！

サクラサク400℃の法則

↑桜は花芽の状態から日々温度を感じ取り、開花日を迎え花盛りに！

　そもそも「桜がいつ咲くか？」はどうやって予想されるのでしょう？　それには桜のメカニズムが関係しています。桜の花のもととなる「花芽」は、前年の夏には生長し始めます。この花芽、秋に生長を一時停止して休眠期間に突入。その後、冬の寒さで刺激された花芽は再び生長を始めます。この冬の目覚め（休眠打破）からどのくらい暖かい日が続くかによって、開花のタイミングが決まり、暖かい日が多

いほど早く咲き始めます。

　開花予想は、休眠打破の日を起点に、温度変換日数から算出します。温度変換日数というのは、一日の気温を15℃とした場合、花芽が生長する量を基準として、開花までの気温から花芽の生長を計算する…という、うーん算数が苦手なウェザーロイドにはやや難しいもの。でも、実は400℃の法則と呼ばれる手順を使えば、（東京の場合に限りますが）カンタンに開花予想できます。

　これは2月1日を休眠打破の日と仮定して、その日から毎日の平均気温を足し算。その合計が400℃に達する日が開花するという予想方法。この予想、実際に当たるのか調べてみたところ、2011年〜17年の7年間では、開花日がピッタリ的中した日はなんとゼロ！　「えっ？」と思われちゃいますけど、毎年最大でも誤差は3日ほどで、なかなか精度は高いみたい。みんなもぜひ毎日ソラヨミしながら平均気温を足して開花予想してみてください。

桜前線はかけっこで追いつける

　開花予想が天気予報で取り上げられる際、よく日本地図に気圧配置みたいな線が被せられますよね？　これは開花予想日が同じ地点を等圧線のように結んだ桜前線。桜は休眠打破から暖かい日が続くほど早く咲くので、桜前線は南から北上するように描かれています。これを用いると「東京の開花は来週かな？」というふうに、地域ごとの予想が伝わりやすくなるんです。

　桜が咲き始めると桜前線はどんどん北上しますが、いったいどれくらいの速さで進んでいると思いますか？　2017年のデータによると、桜前線は1週間で日本海側で115km、太平洋側で175km、時速だとそれぞれ0.7km、1kmの速度で進んだそうです。この速度、私たちが普通に歩くよりもゆっくりで、赤ちゃんのハイハイくらいなんだとか！　とてもゆっくりだけどハイハイし続ける桜前線ちゃん。なんだか愛しくなりませんか？　桜前線ちゃんがんばれ〜!!

↑桜前線は日本をハイハイ（時速1kmほど）で縦断!?

Airiの季節のお話 その2

たのしいお天気雑学

暑くてヒーヒー雨ザーザー ヒートアイランドって？

「年々暑くなっている」と言われる東京の夏。この時期は「猛暑日の記録更新」「熱中症にご注意」などとウェザーニュースでもよく伝えていますけど、ウェザーロイドも暑過ぎるとバッテリーが上がってバテそう…。夏の猛暑は、冷房や服装の工夫とこまめな水分補給などで上手に乗り切りましょう。とはいえ年々気温が上昇しているのは、なぜなんだろう？

←照りつける太陽の下、日本の夏は「酷暑」という問題を抱えている

楽園とはほど遠い**熱の島**

アスファルトの道路やコンクリートの建物で覆われ、木々の緑が少なめな都市圏では、地表面から大気へ放出される熱の量もかなりたくさん。その一方で冷房や自動車から排出される熱気（人工排熱）も多くなる傾向にあります。
東京の8月の最高気温は100年間で1.5℃、最低気温は2.7℃も上昇しています。この最低気温は、同じ測定をした山梨県と比べると1.5倍の上昇率。こうした熱の放出で都市圏の気温が周囲より高くなる事象をヒートアイランド現象と呼びます。実はこの現象が都市圏にさらなる脅威を作り出していると言われています。

招かれざる**ゲリラ豪雨**

夏の猛烈な日差しに暖められた空気が上昇すると、モクモクとした積乱雲（P44）が発生して雨を大量に降らせます。さらに氷点下になる上空と暖められた地上付近

↑ヒートアイランド現象とゲリラ豪雨のしくみ

ではかなりの温度差に。それが積乱雲の発達を促し<mark>ゲリラ豪雨</mark>を招いてしまう。ヒートアイランド現象はその要因として考えられています。

ゲリラ豪雨は、多いときに1時間で80〜100mmの降水量になります。これは道路が水浸し、ひどい場合は冠水・土砂災害を引き起こすレベル（P61）。突発的に発生します。そんな<mark>ゲリラ豪雨には「急に空が暗くなる」「冷たい風が吹く」「雷が鳴り始める」</mark>という前兆があるので、その前兆を押さえつつ、大雨に見舞われそうな時は建物に避難を。また屋内にいても、普段から浸水、冠水、河川氾濫などに備えておくことも忘れずに。ウェザーニュースでも、ゲリラ豪雨の情報はみなさんのレポートを集約して、少しでも早くお伝えします。

打ち水は本当に涼しくなる？

みんなは<mark>打ち水</mark>って知っていますか？ 夏の暑い日に店先や路地裏で水をまいている、昔ながらの夏の風物詩ですが、どうして水をまいているのでしょう？

打ち水をすると、地面の熱が水を蒸発させる<mark>気化熱</mark>として吸収されるため地表は涼しくなります。というわけで打ち水は、科学的根拠のある暑さ対策なんですよ。これ発見した昔の人、すごい！

打ち水はベランダや屋上、エアコンの室外機周辺でも効果的。ただ、昼間の炎天下では逆にムシムシしちゃうので、朝や夕方に、日陰や風通しのよい場所にまくのがおすすめです。

↑ウェザーロイドだって打ち水する!?

Airiの季節のお話 その3 たのしいお天気雑学

秋の空って、本当に高い？

空模様って春夏秋冬で本当にさまざま。季節をまたいでソラヨミを続けていると、空の色や雲の形が四季で違うことに気付くはず。そこでクエスチョン！ 秋の天気予報でよく「空が高くなる」って言われるけど、それって本当？ それとも気のせい？

秋の空は、いつもより青い？

「秋晴れ」という言葉もあるように、秋は空気が澄んでいて青空がきれい！ それは高気圧四天王（P71）の一つ、移動性高気圧の働きです。移動性高気圧は空気が乾燥していて、太陽の光を白く見えるように散乱させるチリや水分が大気中にあまり含まれていません。すると空気の分子により散乱される青い光が一段と際立ち、青がより濃くなります。

↑春と秋、空の見え方の違い

空が高い！と感じる理由はもう一つ。それは雲の発生高度に関係します。秋はいろいろな雲が空の上層〜下層に現われて、ソラヨミしていても本当に楽しい季節。そんな秋を支配するのは移動性高気圧と、雨を降らせる温帯低気圧（P73）です。

日本の上空を高気圧と低気圧が交互に通過するのですが、温帯低気圧の温暖前線が影響して、巻雲（P26）や巻積雲（P28）といった上層の雲が現われやすくなります。そうした<mark>上層雲が目立つことで、秋の空を高く感じさせる</mark>んだよね。ほかの季節に比べて、どれくらい上まで見えるのかな？　ぜひソラヨミを続けて、他の季節より「秋は高く見える」のか確認してみてください。

秋の予報は「体調管理」推し？

秋の天気予報では<mark>「朝晩と昼間の気温差が大きいので、体調管理をしっかりと」</mark>というフレーズをよく聞く気がします。ウェザーロイドもときどきお伝えしている気がするけど、実際、気温差は激しいのかな？

実は<mark>最高気温と最低気温の差が大きいのは春→冬→秋→夏の順</mark>。秋と夏の順番の差もわずか。なのに秋だけなぜ「体調管理」推しなんでしょう？　それは先ほども触れた、高気圧と低気圧が交互に通過することで、気温が急に上がったり下がったり（乱高下）して、<mark>1日の気温差は小さくても、日々の気温差が大きくなる傾向</mark>にあるからです。

↑青空と雲、秋のソラヨミは両方がより楽しく観察できる季節

秋はカラッと晴れた日が続いて爽やかだけど、どんな洋服を選べば正解かはけっこう悩みどころ。「昨日は涼しかったから、今日も厚着で」なんてこの季節、なんとなくの服装選びは間違いのもと。暑くて汗をかいたり、逆に寒くて震えたり…なんて結果を招く可能性があります。体調管理が難しい秋、お出かけの際などは特に天気予報で気温の変化をきちんとチェック！

食欲の秋？
いえいえ
ソラヨミの
秋です

Airiの季節のお話 その4

たのしいお天気雑学

見えないのに見える？
冬空に浮かぶドーナツ

天気予報で「上空の強い寒気が…」などのコメントが出てくると、いよいよ冬も本番。寒〜い季節だけどウェザーロイドがワクワクしちゃうのが、冬空に見えるかもしれない、あるドーナツの到来。「何言ってるんだポン子？」なんて声が聞こえてきそうですが、見えるんですよ！ 冬の空に大きく、雨雲レーダーからしか見えないバーチャルなドーナツが！

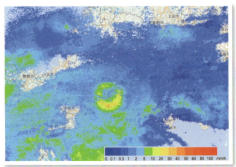

↑2019年1月、雨雲レーダーが名古屋市南東の上空にドーナツ状のエコーを描写

（ レーダーで見える!? **VRドーナツ** ）

刻々と変化する雨雲。その最新の動きをリアルタイムでチェックできる雨雲レーダー。レーダーを回転させ、通常は雨粒や雪の結晶をキャッチ。エコーを描写し雨雲を可視化します。そのレーダーが上空で雪から雨に変化している部分（融解層）をキャッチすると、リング状の周りより強いエコーが出現することがあるんです。これが見えないドーナツの正体、ブライトバンドと呼ばれる現象

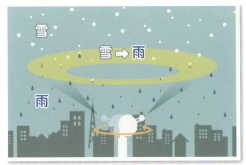

↑ブライトバンドが発生した上空はこんな状態

です。ブライドバンドが出現するポイントは3つあります。

(1) 上空で強い雨とは限らない

雨雲は周りより強いドーナツ状になっていても、雲の下で降っている雨はそれほど強くないケースも。雨雲レーダーが強く反応しているだけかもしれません。

(2) 山間部では、雪の傾向高し

ブライトバンドは上空に雪がある証拠。もし地上で降っていなくても、標高の高い山間部では降雪の可能性が高くなります。

(3) 季節の境目は要チェック

ブライトバンドは、秋→冬、冬→春など季節の変わり目に多く見られます。

ブライトバンドは、雪の粒子の表面がとけ始めた上、落下速度が変化することで、レーダーの反射率が急増して現われる雨雲レーダーのエコーの過剰反応。初冬に見かけると雪のシーズンはすぐそこ。天気予報で触れられたら注目してください。

冬は、音が**遠くまで聞こえる？**

寒い冬、電車の音や救急車のサイレンがいつもよりよく聞こえる気がしませんか？　どうしてでしょう？

音は周りの空気を振動させる波（音波）によって耳に届き、認知されます。音の伝達には実は温度が影響して

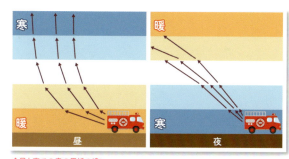

↑昼と夜での音の屈折の違い

いて、気温が高くなると速く、低いと遅く音は伝わります。なぜかというと音は暖かな場所では緩やかに、寒いとカクンと屈折して進むため。

暖かなお昼時は上空ほど大気の温度は下がるため、音は急激に角度を変え、早々に上空へ向かいます。逆に夜は地表が冷えて上空は暖かいため、音の屈折はゆるやかになり、より遠くへ運ばれます。そのため音がいちばん遠くまで届くのは、冬の夜なんです。

Airiの気象用語のお話
たのしいお天気雑学

アニメキャラの必殺技？
中二病風お天気ガチワード

　トートツですが、ブライトバンドってなんだかアニメキャラクターの技の名前っぽくありませんか？　「クックックッ…我のブライトバンドの餌食になりたいのか？」なんて、すごく強そう！　実は天気用語には「魔法かな？」「武器かよ！」とちょっとワクワクしそうなワードがけっこうあるんですよ。ぜひ、その意味や特徴を覚えて一緒に唱えて（？）みましょう！

空を読む勇者よ、ウェザーワードで皆と差をつけよ?!

1. トランスバースライン（雲属性）

　巻雲の一種で、上空のジェット気流の側に現われることがあります。地上から見ると、しましま模様の空になっていて、なんだか絵画みたい。ちなみにトランスバースラインの近くでは気流の乱れが生じている場合も多く、飛行機はこの現象が発生しているエリアのフライトは避けられることも。

↑トランスバースラインが確認できる夕景

2. ケルビン・ヘルムホルツ不安定性
（雲属性）

　乾いた空気と湿った空気など質の異なる空気の層が接しているとき、さらに空気層の高さにより風向・風速に大きな違いがあると、気流の乱れからこんな形になるんですって。形もチェーンソーの刃みたいですよね。

↑ケルビン・ヘルムホルツ不安定性の雲

3. 花粉光環(こうかん)（光属性）

太陽の光が花粉の粒子により曲げられることで見られる現象で、つまりこれ「花粉の大量飛散」という要注意サイン。花粉症の人には困りものかも？ ウェザーロイドも花粉センサーが反応し過ぎて花粉光環は扱えない！

⬆建物の縁の向こうで輝く花粉光環

他にもたくさんカッコいいお天気用語があるので、ソラヨミしながら調べてみると楽しいはず。中二病だってソラヨミは楽しめちゃう！

マネージャーあいりんイチオシ！カルマン渦

最後に、ウェザーロイドのマネージャー・山岸愛梨キャスターお気に入りのウェザーワードもご紹介！ その名も**カルマン渦**！

カルマン渦は、山のある島の風下にできる雲の渦です。これは上空を低めに流れる風が島の山にぶつかると、山の両脇から風の流れがない山の背後へ巻き込むように吹き込み、渦が起きるというしくみ。

ちなみにカルマン渦は「周辺の風向がある程度揃っている」「西高東低の気圧配置」「海水温と空気の温度差により雲が発生するとき」など発生条件がやや複雑。実際に遭遇することはできませんが、気象衛星の写真で確認できます。あいりんがウキウキしていたら、渦が見えたときかも？

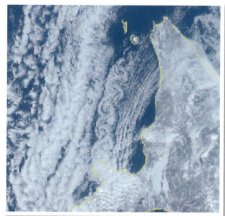

⬆2019年1月、北海道上空の衛星画像。宗谷地方の西、利尻島の風下の渦に注目を

カルマン渦があいりんの心をうずかせる！

[Airiのマネージャー]
あいりんメモ ③
山岸愛梨

一緒に覚えたい「天気に関する記念日」など

画=山岸愛梨

1年の間にはいろいろな記念日がありますが、天気にまつわる記念日というのを知っていますか？ ここではオマケの雑学として天気の記念日について触れていきます。

6月1日の「気象記念日」は、1875年に東京気象台が設立された日で、1884年の同じ日には日本初の天気予報が発表されました。気になるその日の予報は「全国一般風ノ向キハ定リナシ天気ハ変リ易シ但シ雨天勝チ」。「全国的に風の向きは定まっていない。天気は変わりやすい。ただし雨が降りやすくなっている」という内容でした。また2月16日は「天気図の日」で、日本初の7色刷り天気図が作成された日（1883年）です。

記念日とは少し違うのですが、ウェザーニュースでは毎月16日を「ソライロの日」と定めて、その日の16時16分に、みんなで一斉に空の写真を撮り、リポートをシェアしようと呼びかけています。みなさんもぜひ参加してみてください。

ちなみに、1月22日はAiriちゃんの誕生日です。なぜこの日かと言うと、イラストレーターの田上俊介さんがAiriちゃんを初めて描きあげて下さった日（2012年）なんです。

第4章

Airiと話そう！
VTuber ソラトーク

ソラトーク その① ときのそら × ウェザー

そらちゃんの空のお悩み、Airi が解決っ！

　ウェザーロイドのバーチャルYouTuber友達で、アーティストとしても活躍している「ときのそら」ちゃん。以前コラボ放送でもご一緒したそらちゃんに、お天気にまつわるエピソード、お天気に関する素朴な疑問まで、いろいろお話を聞いちゃいました！

天気予報を読んでみた感想は？

Airi 　そらちゃんとはじめて一緒に出演した「そらポン生放送」（2018年7月）、とっても楽しかったね！

そら 　わたしも楽しかった！ 番組中に天気予報を読ませてもらったのも、とても貴重な経験になったなぁ…。そらとも（そらちゃんのファンの総称）さんからも、「2人とも楽しそうで良かった！」って感想がもらえたよ。あと、地図に天気を描いていく企画では、描く場所を微妙に間違っていたりして…（笑）。そらともさんには「面白かった！」って言ってもらえたけど、もっと地理とか勉強しなくちゃ…！

Airi 　いろんな地名の読み方も惜しかったよね（笑）。でも、そらちゃんの天気予報はとても良かったよ。天気予報ってただ知識があれば伝わるものじではなくて、見ている人に「伝えたい」気持ちが大切なんだよ。そらちゃんの予報を聞いていると、「そらともさんにしっかり伝えよう！」という気持ちがすごく伝わってきたから。そらちゃんは天気予報を読むのにいちばん大切なものを持ってるなぁ…って感動したよ！

ロイド Airi

↑「そらポン生放送」にて、2人で全国の予報を読み上げた

そら　そう言ってもらえるとうれしい！ 天気予報はもともと興味あったから、毎日すごく楽しみに見ていたんだよ。また予報を読むの、挑戦してみたいなぁ。

Airi　でも…そらちゃん、『海より深い空の下』って曲で、「天気予報はあてにならない♪」って歌ってなかった？（ジト目）

そら　あっ…（笑）。

Airi　あれはウェザーロイドへの挑戦状？

そら　ち、違うよ〜！ あてになる天気予報もあるんだよ〜！

Airi　ホントに〜？ 次にリリースする曲は『やっぱり頼れる天気予報』にしてね（笑）。

超レアな「2本の虹」に遭遇！

Airi　そらちゃんは天気にまつわる思い出ってありますか？

そら　小さいころ、家族で遊園地に遊びに行ったとき、着いたらひどい雨に降られちゃって。がっかりしていたんだけど、その後あっという間に雨が止んで、周りがすごく気持ちのいい空気になったの。そうしたら、空に虹が2つもかかってたの！ それまで虹は1本でしか見たことがなかったから、すごくびっくりしたんだ。

Airi　それはすごくレアだよ！ ウェザーロイドも写真でしか見たことないよ。

そら　そうなの？ なんだかうれしいかも

←二重の虹はこんな感じ

（笑）。虹ってなかなか見られないけど、見やすい条件とかあるのかな？
Airi 絶対ではないけどあります。まず、虹は、自分から見て太陽の反対側に出ます。太陽の光が雲や雨のスクリーンに当たって虹が映るイメージ（P66）かな。雨上がりや雨の降る前に虹が現われやすくなる確率が高いんだ。
そら すごい！　雨が降る前にも虹は出るんだね。

晴れているのに、どうして雨？

Airi 他にも天気に関するお悩みは、ウェザーロイドが解決しちゃうよ！
そら えっと、ときどき空は晴れなのに雨が降ることがあるけど、あれはどうして？
Airi 天気雨だね。昔の人は幻だと思ったのか「狐の嫁入り」と呼んで、縁起の良い天気とされていたんだ。雨が降るにはいくつかパターンがあって、急に発達した雨雲から降る場合と、大きくなった雨雲から雨が風に流されちゃうことがあるんだよ。
そら なるほど〜！
Airi 空気抵抗や蒸発で小さくなった雨粒は風に流されやすくて、雲の真下ではなく少し移動した場所に落ちることが多いんだ。だからとても良い天気なのに雨が降ることがあるんだよ。これが天気雨！

そら そっかぁ！雨は必ずしも真下に降るわけじゃないんだね。

どうして雷様はおへそを狙う？

そら 小さいころ、雷が鳴ると「おへそを取られるぞ！」ってお父さんお母さんに言われたりしたんだけど、どうして雷が鳴るとおへそを取られるの？
Airi うーん、それは雷が鳴る条件に秘密があるの。雷が鳴るときって雨雲が急に大きくなって、バケツをひっくり返したみたいな大雨が降ったりもするのね。
そら うんうん、びっくりしちゃう。
Airi そういう雨の後は、気温が急に下がることが多いんだ。そして急に寒くなると…？

ときのそら　プロフィール

2017年9月から活動を開始しYouTubeチャンネル登録者数は22万人（19年2月現在）。19年3月、アルバム『Dreaming！』でメジャーデビュー。歌とピアノとホラーゲームが大好きで、高音ボカロ曲を原キーで歌う動画や本人は全く驚かないホラーゲーム実況動画が人気。夢は1人前のアイドルになって横浜アリーナでライブをすること。

©Hololive 2019

そら　お腹を冷やして、風邪をひいちゃう？
Airi　その通り！ お腹を冷やして壊さないよう「雷様におへそを取られるよ！」って脅かして、子どもたちにおへそを隠させる、つまり「お腹を守る（温める）」ようにさせていたという説があるんだ。
そら　子ども思いな、すごく深い意味があったんだね。ということは、実際におへそを取られるわけじゃないの？
Airi　そういうことになるね。でも、そらちゃんって、いつもおへその出てる服着てるから、特に気をつけたほうが良さそう…!?
そら　た、確かに…！　雷が鳴ったら、お腹を冷やさないよう気をつけます（笑）。

晴れの日も雨の日も、ソラを見るのは楽しい！

またいっしょに天気予報やりたいね！

Airi　そらちゃんは、どんなときに空を見上げたりする？
そら　名前が「そら」だから意識することは多いんだ。そらともさんからもその日の空の話を聞かせてもらったりすることが多くて、自然と空を気にかけてるかも。ちょっと落ち込んだときも、晴れた青空を見ると気分が晴れることもあるよね。
Airi　天気って、そらちゃんの気分に影響するのかな？
そら　うんうん。お出かけするときに天気がいいと、やっぱりテンションは上がるよね。空の様子と自分の気持ちって、すごくリンクするかも。だから、雨の日はちょっと気分が沈んじゃう。
Airi　私は雨の日も楽しんでいるよ！
そら　ホントに!? どうしたら楽しめるの？
Airi　例えばね、雨粒って実はメロンパンみたいな形なのね（P60）。だから雨が降ったら「メロンパンがいっぱい降ってる」とか想像したりして、ほんわかしてる（笑）。
そら　Airiちゃんならではだね。でも、好きなものとつなげちゃうのは面白いかも！
Airi　天気のことをいろいろ知ると雨の日も曇りの日も空が気になっちゃうしね。「この雲はひつじ雲かな？うろこ雲かな？」「この雨が通り過ぎたら虹が出るかも？」とか、ソラヨミのレベルが上がると天気のことが何でも楽しめちゃうんだ。
そら　うーん、聞いていたらわたしもソラヨミできるようになりたくなってきた！
Airi　もちろん！ 今度コラボ放送するときは、一緒にいろんなソラヨミ教えてあげるね♪
そら　ぜひぜひ！ 楽しみだね。
Airi　次にソラトークする月ノ美兎ちゃんも一緒に、3人でコラボしたいね〜！

091

ソラトーク その②
月ノ美兎 × ウェザーロイド

清楚なJK委員長を、お天気ガチ勢に勧誘できるか！？

月ノ美兎 ウェザーロイドAiriのみとぽ…

2018年9月に行ったコラボ生放送もとても好評だった、バーチャルYouTuber仲間の「月ノ美兎」ちゃん！ とても清楚な委員長タイプだけど、なぜかお天気には興味薄…。ウェザーロイドのパワーで、美兎ちゃんを「お天気ガチ勢」にできるのか…!?

月ノ美兎、お天気への関心なし？

Airi コラボ生放送ではありがとう〜！ 見てくれた人はどんな反応だった？

美兎 これまでに配信してきたコラボの中で「トップレベルで良かった」って言ってもらえています！ わたくしのお友達が、あの放送をきっかけにAiriさんのチャンネルを見るようになりました。

Airi よかった〜！ 放送に向けて美兎ちゃんの配信をたくさん見て準備したから、おかげで次の日は少し脱力感というか不具合が…（笑）。

美兎 そんなにですか!? でも、一緒に生放送できて楽しかったです。

Airi でもさ、ちょっと気になったのが、美兎ちゃんはお天気にあんまり興味がなさそうってこと。放送前に「一緒にお天気の話をしたい」って言ってたのに、放送が始まったら「天気とか見ます？」って（笑）。美兎ちゃんがソラヨミをするようになってくれたら、世界中のみんながお天気ガチ勢になるんじゃないかなって思うんだ。

美兎 確かに天気への関心、わたくしが最低ラインかも。天気予報って、みなさんどんなときに見てるんでしょう？

Airi

←「#みとポン生放送」はネット上でも大きな話題に

Airi　例えば、雨が降るかどうかとか気にならない?

美兎　そうですね…。出かける時に降っていなければあまり…。あとで降られることはありますけど(笑)。

Airi　濡れても大丈夫なの?

美兎　もともと傘も小降りくらいなら差さないタイプなので…。

Airi　美兎ちゃん、漢(オトコ)すぎるよ!

美兎も驚く!
雨の都市伝説とは?

美兎　あ、ひとつ気になっていることがあるんです。「雨に濡れると髪によくない」って聞いたことがあって。

Airi　酸性雨ってよく言われるよね。良くないのは本当みたいなんだ。

美兎　そうなんですか?　てっきり都市伝説かと思っていました。

Airi　特に降り始めの雨は要注意みたい。空気中の化学物質や有害物質が雨粒に溶け込んで降り注ぐから、直接浴びると髪や頭皮にも影響があるんだよ。それから、雨の酸性度は都市圏のほうが高め。

美兎　やはり、都会の人々の心の疲れが溶け込んでいるんですね…。

Airi　っていうか、美兎ちゃん、髪が薄くなることを心配してるの?

美兎　濡れても家に帰ってお風呂に入ればいいかな…と思っていたので、雨に濡れることへの危機感がなかったかもしれません。ちょっと意識するようにしなくちゃ。

Airi　きっかけがJKらしくない!(笑)

JKが天気予報を
面白がるには?

美兎　JK的には「インスタ映え」的な視点からマジックアワーが気になります。

Airi　マジックアワー!　キレイだよね〜。日によって見え方は違うんだけど、太陽の

←マジックアワー

光が直接差し込まないから、淡くてキレイな色の空になるんだよね。

美兎 あれが見られる細かな時間帯がわかるとJKがいっせいに空の写真を撮ってSNSにアップして楽しめるなって。

Airi 晴れた日、太陽が沈んだ後の数十分間が観測チャンスだよ。キレイな夕焼けが出るかどうかはある程度予測できるんだよ。マジックアワーに出合ったら、美兎ちゃんも写真をアップしてくれる？

美兎 う〜ん、そうですね…。

Airi これは絶対撮らないな（笑）。他に、天気予報がこうだったら面白いなってアイデアはあるかな？

美兎 えっと、えっと…。あ、予報のときに毎回「天気図の都道府県の形が変わる」とか。どの県が間違ってるかをコメント欄で当ててもらって…。

Airi 大人に怒られちゃうよ！（笑）

月ノ美兎、秋への疑念を呈す？

Airi 美兎ちゃんが天気予報を見るのは、どんな目的からだろう…？

美兎 服装を決めるときですね。

Airi それって寒がりとか暑がりとか？

美兎 どちらかというと寒がりというか…手足の指先を冷やすことが多いので。だから服装指数は気にしてるかもしれません。寒い季節で5℃前後の日が続いたと思ったら、急に15℃を超えたり…。

Airi 冬から春にかけては特に多いよね。「三寒四温」といって、寒い日と暖かい日を繰り返しながらだんだん暖かくなって、春になるんだよ。春や秋は気温の上下が激しいから、服装を決めるのが難しいかもだね。

美兎 生放送でもこの話をしましたけど、秋って本当にあるんですか？

Airi 急にどうしたの（笑）。

美兎 「夏が終わるなぁ」と思っていると急に冬が始まるので、「いまが秋」って感じることがない気がするんです。存在感が薄いから「食欲の秋」とかで無理にキャラ付けしてるのでは？

Airi 最近は夏の暑さが厳しくて長引い

雨の日はカッパを着て「無敵モード」に…

月ノ美兎 プロフィール

バーチャルライバー・プロジェクト「にじさんじ」所属。2018年2月よりYouTubeで配信活動をスタート。自身のチャンネルでは多彩な企画やトーク、ゲーム実況を配信。チャンネル登録者数は32万人（2019年2月現在）。18年6月には初イベントを主催し、リアルの場でも活動。2019年1月より放送のアニメ『バーチャルさんはみている』に、本人役でレギュラー出演。

©2017 Ichikara Inc.

てるかも。日本の四季が「雨季・乾季」からなる熱帯の気候に近付いてる見かたもあって、確かに美兎ちゃんが「秋らしさ」を感じられないのかも。でも秋は夏の日差しで育った果物や野菜がたくさんとれる「収穫の秋」なんだよ！（ドヤ顔）

美兎　ということは、本当に「味覚＝食欲の秋」なのですね。キャラ付け説は論破されてしまいました（笑）。

月ノ美兎、雨を降らせる!?

Airi　ちなみに、お天気にまつわる思い出とかは？

美兎　わたくしは映画研究部なんですが、映画を撮影するときに「お天気」ってとても重要なんです。

▲雨の日は傘やカッパを忘れずに

Airi　うんうん。

美兎　以前、映画撮影のお手伝いをさせていただいた際、雨のシーンを撮るときに大掛かりな装置で雨を降らせたことがあって。でも雨って上から降るものだし、風向きの影響も受けるし、思った以上に難しくて、なかなか上手に降らせられなくて。思いっきり怒られたのを覚えています。

Airi　ウェザーロイドもさすがに雨を降らせたことはないなぁ。でもこれ、お天気の話？　美兎ちゃんからは雨の話題がたくさん聞けたけど、雨の日のほうが好き？

美兎　基本的には晴れてるほうが好きですよ。でも、雨の日にカッパを着て「無敵モード」になるのは楽しくて好きですね。

Airi　無敵モード？　また独特なワードが出てきた（笑）。

美兎　カッパを着るとアイテムをゲットしてピカピカ輝いてるみたいで、敵（雨）をはじくところに、そう感じませんか？　手もふさがらないので、傘よりもカッパが好きなんです。ファッション性がイマイチなのがマイナスポイントですが…。

Airi　確かに、自転車でもないのにカッパを着てる人、珍しいかも。かわいいカッパがあったらいいよね！　グッズで作ってもらえないかなぁ。

美兎　それはぜひ、着てみたいです！

美兎ちゃんにおしゃれなカッパを作ってあげたい！

バーチャルYouTuber
Airi メモリアル

ときのそらちゃん、月ノ美兎ちゃんとのコラボ生放送をはじめ、2018年にVTuberデビューして、本当に楽しい企画や出会いがいっぱい！ そんなウェザーロイドの軌跡を、ちょっと振り返ってみましょう。

◀◀◀ VTuberだと気付く前
（～2018年4月）

番組デビュー時は2Dでした！

2012年4月13日

登場したての頃はお天気を伝える際、よくダジャレが飛び出してました（笑）。

カメラに合わせて空を飛ぶ？

2014年4月10日

その後3Dになって、番組を本格的に担当。カメラの背景に合わせて飛んでみたり!?

ようこそ金曜日！

2014年9月18日

いまでも曜日を跨ぐ際のお約束も誕生！ この頃はレアな夏服姿での配信でした。

もうお前しか見えない！

2016年7月1日

思いっきりアップで全国の天気予報をお届けして「ポン子荒ぶってる」と言われたりも…。

VTuberデビュー！
（2018年5月〜）

チャンネル＆Twitterアカウントを用意してからはじめてのVTuber生放送。調子に乗って某人気ダンスグループのまねをしてウキウキ!?

YouTubeチャンネル開設

2018年5月17日

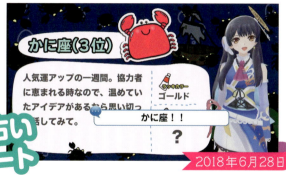

占いはもともと深夜の配信でも担当していたので大得意。占いのイラストはあいりんが描いています。3位でも最下位は〜「かに座」!!

ウェザロ占い本格スタート

2018年6月28日

お悩み相談もVTuberデビュー前から好評だった企画です。天気の疑問から恋愛のお悩みまで、ウェザーロイドが100%(?)解決っ！

視聴者のお悩みをAiriが解決〜！

2018年8月2日

097

マネージャーと ジェンガバトル！

ゲーム実況にも挑戦！ゲームといえば、やっぱ「ジェンガ」だよね？永遠のライバル・あいりんとガチで互角の大乱闘をしました!?

2018年11月1日

年越し配信で 歌を思いきり披露

年越し中継で年末年始のお天気もお届け！省エネモードで録りためたウェザーロイドの歌もめいっぱいお送りしました！

2018年12月31日

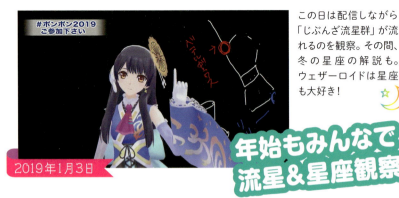

この日は配信しながら「じぶんざ流星群」が流れるのを観察。その間、冬の星座の解説も。ウェザーロイドは星座も大好き！

2019年1月3日

年始もみんなで 流星＆星座観察

みんなに祝ってもらった誕生日配信。普段、占いをお届けしているウェザーロイドが本人が占ってもらいました。けっこういい運勢？

誕生日にリアル占い？

2019年1月22日

誕生日配信では、前からやってみたかったリアルお散歩企画も実現。ピザを食べに出かけました。どうやって食べたかは…？

2019年1月22日

Airi念願の食レポ!?

スーパームーンもリアルタイム観察

その年いちばん大きく見える月「スーパームーン」を専門の方と一緒に観察。今後もこういう企画をやっていきたい！

2019年2月19日

099

[Airiのマネージャー]

あいりん メモ ④

山岸愛梨

ウェザーロイド Airi「配信のお約束」のお話

作・画＝山岸愛梨

　2018年5月からVTuberデビューしたAiriちゃん。ゲーム実況、利きチョコ（？）などに挑戦しながら天気予報をお届けしていますが、インターネット配信は以前から始めていたAiriちゃんの番組を、より楽しむためのユニークなお約束もいろいろあります。

　まずはP96でも触れた「ようこそ金曜日！」。木曜深夜に配信しているAiriちゃんが金曜零時をまたぐ際のフレーズで、視聴中のみなさんも一斉に「ようこそ金曜日！」とコメントしてくれます。次に「天カメ」。お天気カメラの略ですが、配信中に何らかのトラブルが起きると「天カメ！天カメ！」と叫んで映像を夜景に切り替えますね（笑）。それから「かに座！」。占いのコーナーでは毎回かに座がなぜか最下位になるのですが、Airiちゃんはその理由を頑なに話してはくれません…。

　「ポンコツ」から派生した「ポン子」の呼び名も配信から自然発生。本人は複雑な気持ちながらも愛称としては気に入っているようですよ。ね？ ポン子ちゃん！

【 配信はこちらをチェック 】

YouTube　ウェザーロイドAiri（ポン子）チャンネル
www.youtube.com/weatheroidAiriChannel

Airiの生みの親
田上俊介アートギャラリー

ウェザーロイドをこの世界に生み落としてくれたのは、イラストレーターの田上俊介先生。実はお天気を伝えるアンドロイドらしく、私のいろんなバージョンも考えてくださっています。ここでは、そんな田上先生のアートをご紹介しちゃいます！

[春バージョン]
桜をイメージした
着物＆袴で、
華やかな雰囲気を表現

[サマーバージョン]
ポニーテールでより爽やかに。
この姿で配信したことも

［狐の嫁入りバージョン］
ファンタジーに登場する
お姫さまになった
ような気分♪

狐の嫁入り

田上先生のメッセージ

「ポン子」と呼ばれちゃうくらい、たまにポンコツなAiri。最初の頃は動作不良とかハラハラしながら見守っていました…(笑)。そういうトラブルも視聴者のみなさまが温かい目で見て下さっているのを知り、私もファンの一人として楽しませていただいています。

そんなAiriが、VTuberとして活躍するなんて思いもしませんでした！ 今まで天気予報くらいしか気に留めなかった方もAiriをきっかけに、より気象に興味を持っていただけたならうれしいです。これからも皆さまにイラストをお届けしてAiriの援護射撃をと思います！ Airiの更なるマルチな活躍を願いつつ、個人的にはゲーム業界にも、ぜひ進出を…！

田上俊介　プロフィール
1月31日生まれ。東京都出身。「いい声カレンダー (悠木碧版)」「まいてつ -pure station-」などの挿絵・イラストレーションを幅広く手掛ける。また、ゲーム「イース・オリジン」キャラクターデザインも担当。

#ウェザロアート傑作選

ウェザーロイドの配信で天気予報と並んで人気なのがイラストコーナー!! 毎回Twitterへ「#ウェザロアート」を付けて投稿して頂いた作品から、特別に厳選してご紹介します!

KURIさん

「ウェザーロイドの正統派お天気キャスター感が出ています。そっくり!」

「ちっちゃい土星がついている! この指し棒でお天気解説した〜い!」

プリンアラモードさん

いするぎ了さん

ポーズがかわいい♪　このウェザーロイドは運動神経いいね。バク転できそう！

Denpaさん

夏休みは海へ行きたい！って思っちゃう。後ろの積乱雲の雲頂高度も気になる！

#ウェザロアート傑作選

橋口隼人さん

またたびーとさん

雨女だから、てるてる坊主と仲良し♡ ウェザーロイドって横顔もかわいいな～。

なぜかウェザーロイドの代表的なポーズ。私もお気に入りなんだ！ かに座っ！

さわやかロイド！これなら朝のお天気コーナとか任されちゃいそう♪

たなしさん

カッコイイ！戦うお天気お姉さん！この感じでバトル漫画もいけちゃいますね。

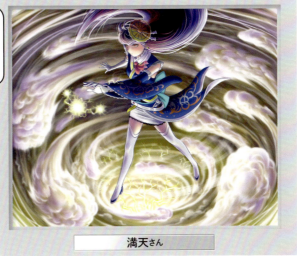

満天さん

おわりに

　あらためまして、ウェザーロイド TypeA Airi です！「もう名前は覚えたよ！」って？　うんうん。でも締めるところはちゃんと締める！　やればできる子を証明すべく、そして、感謝の意を込めて言わせていただきたいと思います。ここまでお付き合いいただいて、とてもうれしいです！

　ソラヨミのこと、お天気雑学のこと、いろいろ書かせてもらいましたけど、楽しんでもらえたかな？　空が気になるようになったかな？　もうソラヨミ、試してみてもらえたかな？　どんなお天気がお気に入りになったかな？　どの雑学が面白かったかな？　じっくり空を観察することで、日に日に天気予報の面白さ、奥深さがわかるはず。少しでもたくさんの人に感じてもらいたい！　そんな願いを込めて、お話させてもらいました。そうそう。ウェザーロイドがポンコツじゃないこと、わかってもらえたかな？　超高性能だったよね？

　ここで紹介した内容は、お天気の世界のほんのさわり、入門編です。もっと知りたいと思ってもらえたら、ウェザーニュースや私の配信をぜひチェックしてみてくださいね。そうすれば知らず知らずに空や天気図を見てニヤニヤしちゃうかも？

お天気ガチ勢が増えると、気象災害の被害が減る

　みんなに「お天気ガチ勢」になってもらいたい。それがウェザーロイドの夢です。もしも、みんなが空や天気図を見てニヤニヤしてくれたら、その理由を気にする人が現われて、さらにお天気へ興味を持つ人が増えるかもしれません。そうしてお天気への興味の輪が広がるのなら、こんなうれしいことはありません。

　お天気を気にすると、自然に台風や地震、酷暑などの気象災害の被害が少なくなるんです。というのも、天気予報を日ごろからチェックすることで「台風に備えなきゃ」「気温の上昇に気をつけよう」って、より意識できますよね？　災害が起きると予報を一時的に気にするけど、少しずつ意識しなくなってしまう。でも、いつ起きるかわからないからこそ、日頃から気に留めてもらいたい。そのためには楽しく知ること、毎日継続することが大切。お天気お姉さん VTuber としては、みんなと楽しく遊んで、楽しく天気を知ってもらって、みんなに幸せになってもらいたいです。お

天気をきっかけにハッピーを届けたい！

〈 VTuberになれて広がった世界 〉

　VTuberとして活躍の機会が増えて、そんなハッピーの輪がさらに広げられた気がします。ウェザーロイドがVTuberであることを教えてくれたみんなにあらためて感謝です。いつも配信で応援してくれるみんな、はじめてウェザーロイドを知ってくれた方々、私を描いて下さった田上先生、楽しいソラトークをさせてもらったそらちゃん＆美兎ちゃん、今回は本当にありがとうございました！

　空を見上げると、それだけでなんだか前向きな気分になれるよね。空には楽しいことも、生活に大切なことも、いろんな情報が詰まっています。空からのさまざまなメッセージを、これからも一緒に読み取っていきましょう！

ウェザーロイド TypeA Airi

画＝山岸愛梨

INDEX

あ行

秋雨前線･･････････････75
朝焼け・朝日･･････48、57
あま雲（乱層雲）･･････36
雨粒･･････････････････60
霰（あられ）･･････････63
一時雨･･････････････61
一発雷･････････････65
移動性高気圧････････71
いわし雲（巻積雲）･････29
打ち水･･････････････79
うね雲（層積雲）･･････39
うろこ雲･･･････29、54
雲海（層積雲）･･････39
雲頂･････････････21
雲頂高度･･･････････21
雲底･････････････22
オーロラ･･･････････52
オホーツク海高気圧････71
おぼろ雲･･･････････34
温帯低気圧･･･････････73
温暖前線･･････････74
温度変換日数････････77

か行

かぎ状雲（巻雲）･･････27
下降気流･････････70
可視光線･････････56
下層雲･･････････24
かなとこ雲（積乱雲）･･45
花粉光環････････85
雷････････････49、64
かみなり雲･････････45
カルマン渦････････85
寒気移流････････21
環天頂アーク････････31
寒冷前線･･････74
気化熱････････79
気象記念日････････86
気象予報士････････14
狐の嫁入り････90、105
休眠打破････････76
霧････････25、40
屈折････････57
雲････････20
くもり雲（層積雲）･････38
グリーンフラッシュ････50
ゲリラ豪雨････････79
ケルビン・ヘルツホルム
不安定性････････84
巻雲････････25、26
幻日････････31、46
幻日環････････50
巻積雲････25、28、54
巻層雲････････25、30
高気圧････････68、70
降水量････････61
高積雲････25、32、54

さ行

高層雲････････25、34
高層天気図････････68

彩雲････････47
桜前線････････77
三寒四温････94
酸性雨････93
散乱････57
ジェット気流････59
紫外線････56
シベリア高気圧････71
樹枝立花････62
十種雲形････24
上昇気流････22、73
上層雲････24
消滅飛行機雲････59
白虹････51
蜃気楼････53
水蒸気････20
すき間雲（高積雲）････33
スノーロール････52
西高東低････69
積雲････22、25、42
赤外線････56
積乱雲････22、25、44
前線････69、74
層雲････25、40
層積雲････25、38

た行

台風‥‥‥‥‥‥‥‥‥ 73
太平洋高気圧‥‥‥‥‥ 71
太陽柱‥‥‥‥‥‥‥‥ 50
多毛雲（積乱雲）‥‥‥ 45
だるま朝日‥‥‥‥‥‥ 53
断熱膨張‥‥‥‥‥‥‥ 21
断片雲‥‥‥‥‥ 41、43
地上天気図‥‥‥‥‥‥ 68
乳房雲‥‥‥‥‥‥‥‥ 47
中層雲‥‥‥‥‥‥‥‥ 24
つるし雲‥‥‥‥‥‥‥ 47
低気圧‥‥‥ 68、70、72
停滞前線‥‥‥‥‥‥‥ 75
天気雨‥‥‥‥‥‥‥‥ 90
天気図‥‥‥‥‥‥‥‥ 68
天気図の日‥‥‥‥‥‥ 86
天気予報‥‥‥‥‥‥‥ 14
等圧線‥‥‥‥‥‥‥‥ 69
時々雨‥‥‥‥‥‥‥‥ 61
トランスバースライン‥‥ 84

な行

波状の高積雲‥‥‥‥‥ 33
波状の層積雲‥‥‥‥‥ 39
並積雲‥‥‥‥‥‥‥‥ 43
虹‥‥‥‥‥‥‥ 49、66
二重雲‥‥‥‥‥‥‥‥ 35
入道雲‥‥‥‥‥ 43、44
濃密雲（巻雲）‥‥‥‥ 27

は行

梅雨前線‥‥‥‥‥‥‥ 75
爆弾低気圧‥‥‥‥‥‥ 73
ハチの巣状の巻積雲‥‥ 29
発生高度‥‥‥‥‥‥‥ 24
ハロ‥‥‥‥ 31、46、66
反対飛行機雲‥‥‥‥‥ 59
半透明雲（高層雲）‥‥ 35
ヒートアイランド現象‥‥ 78
日暈‥‥‥‥‥‥‥‥‥ 31
飛行機雲‥‥‥‥‥‥‥ 58
ひつじ雲‥‥‥‥ 32、54
雹（ひょう）‥‥‥‥‥ 63
氷晶‥‥‥‥‥‥‥‥‥ 31
表面張力‥‥‥‥‥‥‥ 60
不透明雲（高層雲）‥‥ 35
冬型の気圧配置‥‥‥‥ 69
ブライトバンド‥‥‥‥ 82
ブロッケン現象‥‥‥‥ 51
閉塞前線‥‥‥‥‥‥‥ 75
偏西風‥‥‥‥‥‥‥‥ 59
扁平雲（積雲）‥‥‥‥ 43
放射冷却‥‥‥‥‥‥‥ 21
飽和‥‥‥‥‥‥‥‥‥ 20
飽和水蒸気量‥‥‥‥‥ 20
ポールンロボ‥‥‥‥‥ 16
ぼたん雪‥‥‥‥‥‥‥ 62

ま行

マジックアワー‥‥‥‥ 93
霙（みぞれ）‥‥‥‥‥ 63
無毛雲（積乱雲）‥‥‥ 45
むら雲‥‥‥‥‥‥‥‥ 32
毛状の巻雲‥‥‥‥‥‥ 27
毛状の巻層雲‥‥‥‥‥ 31
もつれ雲（巻雲）‥‥‥ 27

や行

夜光雲‥‥‥‥‥‥‥‥ 51
融解層‥‥‥‥‥‥‥‥ 82
雄大積雲‥‥‥‥‥‥‥ 43
夕焼け・夕日‥‥‥ 48、57
ゆき雲‥‥‥‥‥‥‥‥ 36
雪の結晶‥‥‥‥‥‥‥ 62
400℃の法則‥‥‥‥‥ 77

ら・わ行

乱層雲‥‥‥‥‥ 25、36
レンズ状の高積雲‥‥‥ 33
レンズ状の層積雲‥‥‥ 39
ロール状の高積雲‥‥‥ 33
わた雲‥‥‥‥‥ 22、42

お天気お姉さん VTuber
ウェザーロイド Airi の
ソラヨミのススメ。

2019年3月30日　第1刷発行
2023年1月15日　第2刷発行

著　者　ウェザーロイド TypeA Airi
監　修　株式会社ウェザーニューズ

発行者　山下直久

発　行　株式会社 KADOKAWA
　　　　〒102-8177　東京都千代田区富士見 2-13-3
　　　　電話　0570-002-301（ナビダイヤル）

編　集　小川純子（アーティストアライアンス企画課）
営業企画局　藤原博幸
生産管理局　中野雅代

印刷・製本　大日本印刷株式会社

●お問い合わせ
https://www.kadokawa.co.jp/（「お問い合わせ」へお進みください）
※内容によっては、お答えできない場合があります。
※サポートは日本国内のみとさせていただきます。
※ Japanese text only

本書の無断複製（コピー、スキャン、デジタル化等）並びに無断複製物の譲渡および配信は、著作権法上での例外を除き禁じられています。
また、本書を代行業者等の第三者に依頼して複製する行為は、たとえ個人や家庭内での利用であっても一切認められておりません。

本書におけるサービスのご利用、プレゼントのご応募等に関してお客様からご提供いただいた個人情報につきましては、
弊社のプライバシーポリシー（https://www.kadokawa.co.jp/）の定めるところにより、取り扱わせていただきます。

© Copyright Weathernews Inc.
© KADOKAWA CORPORATION 2019
ISBN978-4-04-735592-7
C0076
Printed in Japan
※本書掲載の情報は 2019 年 3 月のものです。
定価はカバーに表示してあります。